湖南省自然科学基金面上项目：基于扩频技术的地电场观测方法及实验装置研究（2019JJ40154）

湖南省教育厅优秀青年项目：扩频编码电磁探测技术基础研究（20B337）

湖南省教育厅重点科研项目："基于深度学习的控制系统故障诊断与预测技术研究"（湘教通【2019】353 号：19A283）

杰林码原理及应用

王杰林　著

中国原子能出版社
China Atomic Energy Press

图书在版编目（CIP）数据

杰林码原理及应用 / 王杰林著. –– 北京：中国原子能出版社, 2021.4
ISBN 978-7-5221-1311-1

Ⅰ.①杰… Ⅱ.①王… Ⅲ.①计算机算法 Ⅳ.①TP301.6

中国版本图书馆CIP数据核字(2021)第050399号

内容简介

算法是芯片、系统和IT行业的灵魂。芯片是实现算法逻辑的微电子电路；系统是算法功能的集合。算法是信息技术的核心，创新的算法才会推动新信息技术的发展。本书是作者十多年的独立研究成果，书中详细描述了加权概率，加权分布函数以及加权概率模型，论证了马尔科夫链和条件概率模型无法实现替代的基本原因。基于加权概率模型，给出了加权概率模型信息熵，无损压缩算法，对称加密算法，信道检错纠错算法以及伪随机和哈希算法等，这些算法的发明专利技术均自主可控。给出了C/C++、JAVA、Python实现的源代码和部分测试数据。按行业惯例简称为"杰林码"。

杰林码原理及应用

出版发行	中国原子能出版社（北京市海淀区阜成路43号　100048）
策划编辑	高树超
责任编辑	高树超
装帧设计	河北优盛文化传播有限公司
责任校对	冯莲凤
责任印制	潘玉玲
印　　刷	三河市华晨印务有限公司
开　　本	710 mm×1000 mm　1/16
印　　张	15.75
字　　数	280千字
版　　次	2021年4月第1版　　2021年4月第1次印刷
书　　号	ISBN 978-7-5221-1311-1
定　　价	79.00元

前　言

尊敬的读者：

本书是王杰林先生的核心研究成果专著，书中给出的算法逻辑和编码方法均已申请发明专利或软件著作权，且受版权保护。书中并未给出商用级的源代码，仅供读者学习和研究。未经合法授权，严禁将书中算法逻辑、编码方法以及源代码有偿或无偿商用。特此申明！

背景

算法是芯片、系统和 IT 技术的灵魂。芯片是实现算法逻辑的微电子电路；系统是算法功能的集合。算法是信息技术的核心，创新的算法才能推动新信息技术的发展。下面列举了一些算法应用的例子。

操作系统：作业调度算法、进程调度算法、银行家算法、页面置换算法、磁盘调度算法等，这些基础算法可同时运行于 Windows、Linux（安卓、麒麟等）、Unix（iOS、苹果）系统上。

通信系统：检错纠错算法，调度算法，甚至 3G/4G/5G 中码分多址、时分多址、频分多址，应用协议等。

文件系统：JPG、MP3、MP4 等文件类型的核心是数据变换算法和压缩算法。

加密系统：AES、DES、RSA 等对称、非对称加密算法；MD5、SHA 等哈希算法。

这些算法早已经应用于生活中的方方面面，比如数码相机拍照保存的 JPG 照片；视频、电影、视频电话采用的 MP4、RMVB 等格式；音乐采用 MP3、WAV 等格式；日常电话、短信使用的 3G/4G/5G 技术和 Base64 编码；蓝牙、WiFi、NFC 功能中的检错纠错算法；存储设备（U 盘、硬盘）中的压缩和加密算法；导航、定位所使用卫星通信技术；支付宝、微信支付、银行系统中的加密算法和系统等，举不胜举。

1

1. JPG 图片格式

JPG 图片格式是一种压缩格式,以一张 4 k(4 096×2 160)的图像为例,原始图像至少有 25 MB,而 JPG 格式只有 2～3 MB。采用 JPG 格式可以大大节约存储空间,也方便了图片的传播。无失真(无损)压缩极限已由信息论给出,目前算术编码针对具有统计特征的数据,无损压缩可逼近理论极限。JPG 图像所使用的技术包括 DCT(离散余弦变换)(包括颜色空间转换)、预测编码和哈夫曼编码(Huffman Coding)[1]。在实际应用中,在保障图像、音频、视频感官效果的前提下,可以结合有损的数据变换算法和熵编码算法提高它们的压缩效果。不难发现,构造更高压缩率的编码算法可提升设备的存储量和网络传输速率。随着 VR、3D、4K、8K、大数据等技术的推广和普及,传统的数据压缩技术已无法适用。例如,数据中心有两个用户,这两个用户存储了同一张图像(或者相似度很大的图像)或文档,而传统的单文件压缩方案(如 JPG、PNG 等)仍需要在数据中心存储两份相同的数据。与此类似,相同的数据需要进行多次重复传输。因此,基于大数据和网络架构的新型压缩编码算法成为当下技术攻关的主要方向和热点。

2. 通信技术中的差错控制和前向纠错编码技术

极化码[2]算法是 5G 通信标准中的核心算法之一(另一个为 LDPC 算法),其目的是解决数据在无线电传输过程中的错误问题,降低重传率。用户的直接感受是网速稳定,传输很快,不再卡顿。

该算法构造的核心是通过信道极化(Channel Polarization)的处理,在编码侧采用方法使各个子信道呈现出不同的可靠性,当码长持续增加时,部分信道将趋向于容量近于 1 的完美信道(无误码),另一部分信道趋向于容量接近于 0 的纯噪声信道,选择在容量接近于 1 的信道上直接传输信息以逼近信道容量。该算法被证明是可以达到香农极限的方法。极化码因极化时无法进行错误校验,所以当前在 5G 通信技术中采用循环冗余校验码(CRC)进行错误校验。

信道编码算法目前全球只有十几个,如低密度奇偶校验码(LDPC)、循环冗余校验、BCH、海明码、卷积码(如 Turbo 码)等,这些算法均无法达到香农极限。未来高速和高质量通信领域需要一款能逼近香农极限,同时具备错误校验和前向纠错功能的信道编码算法。

---

[1] David A. Huffman 于 1952 年提出的一种数据编码方法。

[2] 土耳其 Erdal Arikan 于 2008 年提出的一种信道编码方法。

3. 银行密码、安全验证中的 MD5 和 SHA 算法

信息摘要算法（Message Digest Algorithm 5，MD5）是一种被广泛使用的密码散列函数，可以产生一个 128 位（16 字节）的散列值（Hash Value），用于确保信息传输完整一致。MD5 由美国密码学家罗纳德·李维斯特（Ronald Linn Rivest）设计，于 1992 年公开，用以取代 MD4 算法。这套算法的实现遵循 RFC 1321 规范。1996 年后该算法被证实存在弱点，可被破解，对于对安全性具有高度要求的数据，专家一般建议改用其他算法，如 SHA2。2004 年，MD5 算法被证实无法防止碰撞（collision），因此不适用于安全性认证，如 SSL 公开密钥认证或数字签名等用途。构造自适应碰撞强度和逼近碰撞理论极限的哈希算法是当前研究的热点。

上述列举了部分算法，这些算法和协议的理论和知识产权均属于国外，我国信息领域每年需要为此支付大量的专利费用。而算法研究者需要有良好的数学基础，我国因信息技术起步晚，且算法研究人才少，研发能力也极其薄弱。但是，未来支撑新信息技术发展的核心算法势必成为我国学者攻关克难的关键技术领域之一。

作者研究历程

王杰林，湖南平江人，生于 1985 年，共产党员。2007 年毕业于湖南涉外经济学院，大专学历。

在毕业后的第一份工作中，笔者接触到爬虫算法和图像压缩算法，之后学习和优化算法成了笔者工作之余的爱好。2009 年，在一次算术编码（区间编码）研究实验中，了解到算术编码的区间列（$\{[L_i, H_i]\}, i = 1, 2, \cdots, n$）存在收敛性和从属关系（即 $[L_{i+1}, H_{i+1}] \subset [L_i, H_i]$），于是笔者尝试编译码每个符号时将区间长度增大一点，目的是减缓区间收敛速度，从而提高压缩比。实验很快就有了第一个结果，当二进制序列呈现一种形态特征"每个符号 1 被一个或多个符号 0 隔开"时，该序列可无损编解码，且相比传统算术编码具有更好的压缩效果。

有了这个实验结果后，笔者测试了很多类似的二进制序列，比如"每两个符号 1 被一个或多个符号 0 隔开""每个符号 0 被一个或两个符号 1 隔开"等。从这个实验中发现呈现不同形态特征的二进制序列在算术编码时每次区间扩大都存在一个极限，超过极限将无法还原。

于是，笔者将符号等概率的二进制序列每个符号 1 后人为添加一个符

3

号 0，以产生符合形态特征"每个符号 1 被一个或多个符号 0 隔开"的二进制序列。该实验得出了每次区间扩大的极限值为 1.236 067。接下来，笔者又实验了另一种情形：让其中一个符号的区间不收敛，而另一个符号进行收敛，希望给出区间收敛的总极限。实验得出，当 $p(0)=\frac{1}{2}$，$p(1)=1$ 时二进制序列可无损编解码，而且编码结果的比特长度非常接近符号等概率的二进制序列长度。

实验数据证明了笔者的方法对此类二进制序列的压缩效果确实优于传统算术编码。但是，如果在传统算术编码前预先对二进制序列进行处理，传统算术编码也能得到同样的压缩比。因二进制序列中存在冗余信息"每个符号 1 后面至少存在一个符号 0"，且这个冗余信息是已知的，所以可以预先去除每个符号 1 后面的一个符号 0。显然，笔者的方法并不能超越信息熵的理论极限，但也因此设计出了一种无损压缩算法。在接下来的研究中，笔者开始寻找这个方法的理论支持和其他的应用价值。

通过总结发现，"每个符号 1 后面至少存在一个符号 0"使解码出的二进制序列不允许出现两个或两个以上符号 1 相连，于是笔者将其作为数据校验的判断依据，进而研发出全新的信道检错和前向纠错算法。

因为大专学历和毫无资源背景，笔者的研究历程极端孤独。笔者的研究方式和算法方法也屡被专家或权威否定。只能边打工边研究，经过五年的分析、推导、证明和实验，终于在 2014 年笔者定义出了加权概率和加权分布函数，并给出了加权概率模型的定义和相关编码定理，同时基于加权概率模型编码定理设计了系列基础编码算法。比如，用于通信和数据校验的检错和前向纠错算法；用于数据压缩的无损、有损压缩算法；用于信息安全的对称加密和哈希算法等。更有趣的是，基于加权概率模型，笔者还设计了多功能算法，比如集检错、压缩和加密三个功能于一体的算法，该算法不是级联算法。

2014 年以来，笔者开始将爱好变成工作，创办了自己的公司，将算法变成产品实现市场化。到 2020 年，笔者在该领域已深入研究十多年，也申请了几十项核心算法发明专利并获得相关知识产权。笔者从加权概率模型又延伸出了高阶加权、马尔科夫加权、条件加权等不同的基础模型。

编写本书的首要目的是为公司内部培养算法工程师提供培训资料。其次，公开部分核心算法和源代码，为读者、研究人员提供一个研究思路和方向，也方便专家学者检验。最后，笔者认为加权概率模型的应用远不止于此，笔者期待加权概率模型理论在未来得到更完整的挖掘和研究，比如应用于数据分析、人工智能等。

在本书中笔者抛砖引玉地给出了加权概率模型的各类算法设计思路和实验代码，以供大家分析和理解。由于该模型理论研究和专利均由笔者独立完成，所以按行业惯例将其简称为"杰林码"。

截至完成书稿，笔者所能完成的算法源代码有限，以实现理论方法为目的，主要支持 C/C++，部分算法支持 Java 和 Python。欢迎到笔者的个人论坛上下载 Demo 和相关的源码（https://github.com/Jielin-Code）。因笔者理论水平有限，书中相关定理的证明或推导比较生硬，甚至可能存在错误，不合理之处也欢迎到论坛留言，或邮件联系笔者（254908447@qq.com），欢迎专家学者批评指正。

知识储备

信息领域的基础算法是跨数学和信息科学的逻辑方法或方案，技术人员需要具备数学和信息科学的相关理论基础才能实现算法的创新。

学习本书或拓展研究，需要有两个方面的理论基础：概率论（随机过程）和信息论（编码技术）。本书的模型是基于概率分布函数设计，并基于信息论推理和证明的。比如，香农极限、香农编码定理、无失真编码定理等多次在本书中用于推导和证明。另外，需要一定的排列组合知识，且对现有的编码技术原理及应用方法非常熟悉，比如熵编码领域的字典编码、行程编码、哈夫曼编码、算术编码（或区间编码）、CABAC或 CAVLC 等；信道编码领域的 BCH、海明码校验、CRC 校验、奇偶校验、卷积码、Turbo 码、LDPC、Polar 码等；加密编码领域的 MD5、SHA、DES、AES、RSA 等。

王杰林

2020 年 8 月 20 日

目　录

第1章　加权概率和加权概率模型

令 $X = \{x_1, x_2, \cdots, x_n\}$ 是有限个值或可数个可能值的随机过程。除非特别提醒，这个随机过程的可能值的集合都将被记为非负整数的集合 $A = \{0, 1, 2, \cdots, s\}$，即 $x_i \in A$（$i = 1, 2, \cdots, n$）。于是对于 A 中一切数值有概率空间：

$$\begin{bmatrix} x \\ p \end{bmatrix} = \begin{bmatrix} 0 & 1 & \cdots & s \\ p(0) & p(1) & \cdots & p(s) \end{bmatrix} \tag{1-1}$$

其中 $x \in A$。由于随机过程必须转移到集合 A 中的某个数值，所以在任意时刻 i 有：

$$\sum_{x=0}^{s} p(x) = 1, 0 \leqslant p(x) \leqslant 1 \tag{1-2}$$

于是，任意时刻 i 累积分布函数[①] $F(a)$ 可以用 $p(x)$ 表示，如下所示。

$$F(a) = \sum_{x \leqslant a} p(x) \tag{1-3}$$

$0 \leqslant F(a) \leqslant 1$，$a \in A$。

设 x_i 为伯努利随机变量[②]，则 $x_i \in \{0, 1\}$，x_i 的概率质量函数 $p(0) = P(x_i = 0)$ $= 1 - p$，$p(1) = P(x_i = 1) = p$，其中 $0 \leqslant p \leqslant 1$，$i = 1, 2, \cdots, n$。随机过程 X 存在 2^n 种可能性，且每个 X 都是长度为 n 的二进制序列。显然，在 2^n 种可能性中，部分二进制序列存在很明显的形态特征（规律）。比如，一些二进制序列满足"序列中连续符号 1 的个数最多为 t 个"。又比如一些二进制序列满足"序列中连续符号 1 的个数最多为 t 个，且序列中连续符号 0 的个数最多为 s 个"。由于形态特征已知，所以 t 和 s 为已知可数的正整数。

---

① 若离散随机变量 X 具有概率质量函数 $p(0) = 0.5$，$p(1) = 0.3$，$p(2) = 0.2$，则 $F(0) = p(0) = 0.5$，$F(1) = p(0) + p(1) = 0.8$，$F(2) = p(0) + p(1) + p(2) = 1.0$。

② 假定一个试验，分别用 $X = 1$ 和 $X = 0$ 代表试验结果的成功与失败。X 的概率质量函数为 $p(0) = P(X = 0) = 1 - p$，$p(1) = P(X = 1) = p$，$p(0 \leqslant p \leqslant 1)$ 为试验结果成功的概率。随机变量被称为伯努利随机变量。

那么，当随机过程X呈现某种已知的形态特征时，在信息编码技术领域有哪些应用价值？该随机过程存在哪些数理性质？

第一，数据压缩。因为二进制序列中t个连续的符号1后必然出现一个符号0，则二进制序列的形态特征为已知的信息，去除该符号0后进行无损编码可提升压缩效果。即不同形态特征的二进制序列采用不同的方法去除冗余信息。

第二，数据校验。若译码出的二进制序列不满足"序列中连续符号1的个数最多为t个"，则译码出错，于是其可用于数据校验。不同的形态特征，可构造不同码率的信道编码方法。

第三，数字水印。首先，改造任意二进制序列，使其满足某一形态特征。然后，进行无损编码，从而构造数字水印编码方法。

显然，在此类二进制序列（随机过程）中，当前符号状态与之前相邻有限个符号状态有关。能否使用马尔可夫链①或条件概率模型构建编码算法？

以二进制序列满足形态特征"序列中连续符号1的个数最多为2个"为例，该序列是由"0""10"和"110"组成。基于马尔可夫链或条件概率模型分析，符号0存在三种概率质量函数，分别为$p(0|0)$，$p(0|1)$，$p(0|1,1)$。符号1存在两种概率质量函数，分别为$p(1|0)$和$p(1|1)$。编码时，因为二进制序列作为信源是已知的，所以每个符号使用的概率质量函数均能准确选择。但是，译码时无法准确选择概率质量函数，比如已经译码出"0"（首个符号译码时可约定概率质量函数），因符号0存在三种概率质量函数，无法正确选择。同理，符号1也无法正确选择概率质量函数。若已经译码出"01"，因存在两种概率质量函数$p(1|1)$或$p(0|1)$，所以通过已经译码的结果推测下一个符号也不可行。当已经译码出"011"，因"011"后必然是符号0，所以存在唯一的选择$p(0|1,1)$。

当编码后的数据被篡改或传输出错时，每个符号均可能译码错误，采用马尔可夫链或条件概率模型构造编译码方法是不可行的。综上可知，基于概率理论为该类二进制序列构造编译码方法需要满足以下三个条件。

（1）每译码一个符号x存在唯一已知的概率质量函数$p(x)$，$p(x)$可以是由译码结果推测出的唯一已知的概率质量函数，例如已经译码出"011"，因"011"后必然是符号0，所以存在唯一的概率质量函数$p(x)=p(0|1,1)$。

---

① 俄国数学家安德雷·马尔可夫（Андрей Андреевич Марков）首次提出马尔可夫链，并对其收敛性质进行了研究。

（2）存在一个表征着序列形态特征的已知变量r，其可以是已知函数$f(i)$（$i=1,2,\cdots,n$）的值，即$r=f(i)$。序列的形态特征不同，r的值也应当不同。

（3）编译码时r应当作用于序列每个位置对应符号的概率质量函数。

可定义函数$\phi(p(x),r)$构造编译码方法，如$\phi(p(x),r)=rp(x)$（或$\phi(p(x),r)=\dfrac{p(x)}{r}$），$\phi(p(x),r)=r+p(x)$（或$\phi(p(x),r)=r-p(x)$）等，则整个编译码过程均可准确选择概率质量函数和$r$。本书称$r$为概率质量函数的形态特征系数，简称权系数。$\phi(p(x),r)=r+p(x)$（或$\phi(p(x),r)=r-p(x)$）使$\phi(p(x_1),r)\phi(p(x_2),r)\cdots\phi(p(x_i),r)$产生多项式，不方便推理和分析，所以下面基于$\phi(p(x),r)=rp(x)$定义加权概率质量函数和加权累积分布函数，并通过分析这两个函数得出r的数理性质。因$p(x)$和r已知，且$\phi(p(x),r)$因x不同而不同，所以$\phi(p(x),r)$可简单标记为$\phi(x)$。

定义 1.1　加权概率质量函数为

$$\phi(a)=rP\{x=a\}=rp(a) \tag{1-4}$$

$p(a)$为概率质量函数，$0\leqslant p(a)\leqslant1$，$r$为权系数，$r$是已知的正实数。显然，所有符号的加权概率之和为

$$\sum_{a=0}^{s}\phi(a)=r \tag{1-5}$$

定义 1.2　加权累积分布函数为

$$F(a,r)=rF(a)=r\sum_{x\leqslant a}p(x) \tag{1-6}$$

简称加权分布函数。

根据定义 1.2，将序列X的加权分布函数记为$F(X,r)$。令$n=1$，$F(X,r)$为

$$F(X,r)=rF(x_1)=rF(x_1-1)+rp(x_1)$$

如图 1-1 所示。

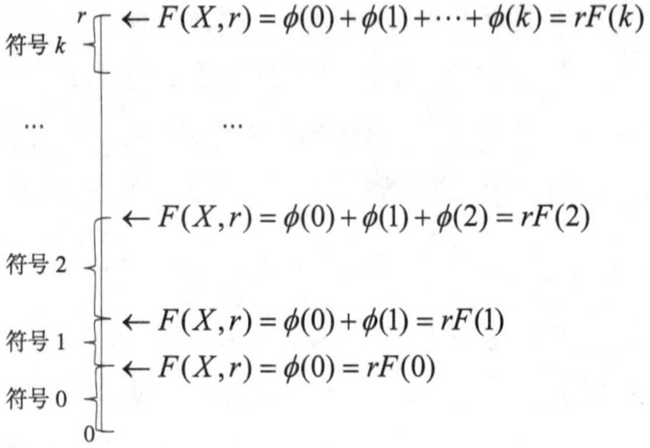

$$\text{符号} k \quad \leftarrow F(X,r) = \phi(0) + \phi(1) + \cdots + \phi(k) = rF(k)$$

$$\cdots \qquad \cdots$$

$$\leftarrow F(X,r) = \phi(0) + \phi(1) + \phi(2) = rF(2)$$

$$\text{符号} 2$$

$$\text{符号} 1 \quad \leftarrow F(X,r) = \phi(0) + \phi(1) = rF(1)$$

$$\leftarrow F(X,r) = \phi(0) = rF(0)$$

$$\text{符号} 0$$

图 1-1　$n=1$ 时 $x_1 = 0,1,\cdots,k$ 的 $F(X,r)$

$n=2$ 时，首先根据图 1-1，选择 x_1 对应的区间 $\big[F(x_1-1,r),F(x_1,r)\big)$，由于 $F(x_1,r)=F(x_1-1,r)+rp(x_1)$，因此区间长度为 $F(x_1,r)-F(x_1-1,r)=\phi(x_1)=rp(x_1)$。然后，将区间 $\big[F(x_1-1,r),F(x_1-1,r)+rp(x_1)\big)$ 的长度乘以权系数 r，若 $r<1$，区间缩小；若 $r>1$，区间扩大；若 $r=1$，区间不变。于是，区间变成了 $\big[F(x_1-1,r),F(x_1-1,r)+r^2p(x_1)\big)$，接着将 $r^2p(x_1)$ 按照（1-1）中各符号的概率质量分割成 $k+1$ 份，分割后符号 0 对应区间为 $\big[F(x_1-1,r),F(x_1-1,r)+r^2p(x_1)p(0)\big)$；符号 1 对应的区间为 $\big[F(x_1-1,r)+r^2p(x_1)p(0),\ F(x_1-1,r)+r^2p(x_1)(p(0)+p(1))\big)$；符号 2 对应的区间为 $\big[F(x_1-1,r)+r^2p(x_1)(p(0)+p(1)),\ F(x_1-1,r)+r^2p(x_1)(p(0)+p(1)+p(2))\big)$，类推且 $F(x_1-1,r)=rF(x_1-1)$，得出 $F(X,r)=rF(x_1-1)+r^2F(x_2)p(x_1)=rF(x_1-1)+r^2F(x_2-1)p(x_1)+r^2p(x_1)p(x_2)$，此时，区间长度为 $r^2p(x_1)p(x_2)$，如图 1-2 所示。

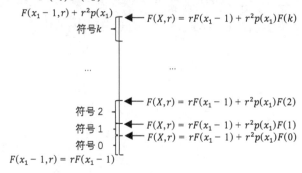

图 1-2　$n=2$ 且已知 x_1，$x_2 = 0,1,\cdots,k$ 的 $F(X,r)$

类推，$n=3$ 时，

$$
\begin{aligned}
F(X,r) &= rF(x_1-1)+r^2F(x_2-1)p(x_1)+r^3F(x_3)p(x_1)p(x_2)\\
&= rF(x_1-1)+r^2F(x_2-1)p(x_1)+r^3F(x_3-1)p(x_1)p(x_2)\\
&\quad +r^3p(x_1)p(x_2)p(x_3)
\end{aligned}
$$

于是，令 $\prod_{j=1}^{0}p(x_j)=1$，类推可得：

$$
F(X,r)=\sum_{i=1}^{n}r^iF(x_i-1)\prod_{j=1}^{i-1}p(x_j)+r^n\prod_{i=1}^{n}p(x_i) \tag{1-7}
$$

将满足公式（1-7）的加权分布函数的集合定义为加权概率模型，简称加权模型，记为 $\{F(X,r)\}$。若 $X_i\in A=\{0,1\}$，则称 $\{F(X,r)\}$ 为二元加权模型。令

$$
H_n=F(X,r) \tag{1-8}
$$

$$
R_n=\prod_{i=1}^{n}\phi(x_i)=r^n\prod_{i=1}^{n}p(x_i) \tag{1-9}
$$

$$
L_n=H_n-R_n=\sum_{i=1}^{n}r^iF(x_i-1)\prod_{j=1}^{i-1}p(x_j) \tag{1-10}
$$

因 x_i 必须取 A 中的值，所以 $p(x_i)\geqslant0$。显然公式（1-8）、公式（1-9）、公式（1-10）为区间列，L_i，H_i 是序列 X 在时刻 $i(i=1,2,\cdots,n)$ 变量 x_i 对应的区间上下标，$R_i=H_i-L_i$ 是区间的长度。$\{[L_n,H_n]\}$ 为定义在加权概率模型上的区间列。将公式（1-8）、公式（1-9）、公式（1-10）用迭代式表达为

$$
\begin{aligned}
R_i &= R_{i-1}\phi(x_i)\\
L_i &= L_{i-1}+R_{i-1}F(x_i-1,r)\\
H_i &= L_i+R_i
\end{aligned} \tag{1-11}
$$

显然，公式（1-7）中 r 为已知实数，将公式（1-7）称为静态加权模型。若 r 在时刻 i 等于已知函数值 ω_i，即 $\omega_i=f(i)$，$f(i)$ 为已知函数，于是系数序列为 $W=\{\omega_1,\omega_2,\cdots,\omega_n\}$，则公式（1-7）可表达为

$$
F(X,W)=\sum_{i=1}^{n}\prod_{j=1}^{i}\omega_jF(x_i-1)\prod_{j=1}^{i-1}p(x_j)+\prod_{i=1}^{n}\omega_ip(x_i) \tag{1-12}
$$

满足公式（1-12）的加权分布函数的集合被称为动态加权模型。当 $\omega_1=\omega_2=\cdots=\omega_n=r$ 时，$F(X,W)=F(X,r)$。若 $\omega_1=\omega_2=\cdots=\omega_n=1$，则 $F(X,W)=F(X,1)=F(X)$。

$$
F(X)=\sum_{i=1}^{n}F(x_i-1)\prod_{j=1}^{i-1}p(x_j)+\prod_{i=1}^{n}p(x_i) \tag{1-13}
$$

基于公式（1-13）的迭代式为

$$R_i = R_{i-1} p(x_i)$$
$$L_i = L_{i-1} + R_{i-1} F(x_i - 1) \qquad\qquad (1-14)$$
$$H_i = L_i + R_i$$

1.1 标准模型与收缩模型

定理 1.1 若权系数 $\omega_i (i = 1, 2, \cdots, n)$ 满足 $0 < \omega_i \leqslant 1$，$[L_{i+1}, H_{i+1}) \subset [L_i, H_i)$ 成立。

证明

$\because 0 < \omega_{i+1} \leqslant 1$，由公式（1-11）得 $R_{i+1} = R_i \omega_{i+1} p(x_{i+1})$，

$\therefore 0 < R_{i+1} \leqslant R_i p(x_{i+1})$．

$\because L_{i+1} = L_i + R_i \omega_{i+1} F(x_{i+1} - 1)$，其中 $R_i \omega_{i+1} F(x_{i+1} - 1) \geqslant 0$，

$\therefore L_{i+1} \geqslant L_i$．

$\because H_{i+1} = L_{i+1} + R_{i+1}$，且 $R_{i+1} > 0$，

$\therefore L_{i+1} < H_{i+1}$．

$\because H_{i+1} = L_i + R_i \omega_{i+1} F(x_{i+1} - 1) + R_i p(x_{i+1}) < L_i + R_i (F(x_{i+1} - 1) + p(x_{i+1}))$，

$\because F(x_{i+1}) = F(x_{i+1} - 1) + p(x_{i+1})$，由于 $F(x_{i+1}) \leqslant \omega_{i+1}$，且 $\omega_{i+1} \leqslant 1$，

$\therefore H_{i+1} \leqslant L_i + R_i = H_i$．

根据定理 1.1 通过归纳法可得定理 1.2。

定理 1.2 任意 $i = 1, 2, \cdots, n$，若权系数 ω_i 满足 $0 < \omega_i \leqslant 1$，有 $[L_n, H_n) \subset [L_{n-1}, H_{n-1}) \subset [L_{n-2}, H_{n-2}) \subset \cdots \subset [L_1, H_1)$。

若对于任意 i 有 $\omega_i = 1$，则称 $\{F(X, W)\}$ 为标准模型；若对于任意 i 有 $0 < \omega_i \leqslant 1$ 且存在 $\omega_i < 1$，则称 $\{F(X, W)\}$ 为收缩模型；若对于任意 i 有 $\omega_i \geqslant 1$ 且存在 $\omega_i > 1$，则称 $\{F(X, W)\}$ 为扩张模型。

例 1.1 给定二进制伯努利序列 X，X 从 $i+1$ 位置开始的 3 个符号分别为 $x_{i+1} = 0$，$x_{i+2} = 1$，$x_{i+3} = 0$，其中符号 0 和符号 1 的概率为 $p(0)$ 和 $p(1)$，$0 < \omega_{i+1} \leqslant 1$，$0 < \omega_{i+2} \leqslant 1$，$0 < \omega_{i+3} \leqslant 1$。设 $V \in [L_{i+3}, H_{i+3})$，通过 V 解码出的二进制序列为 $Y = \{y_1, y_2, \cdots, y_i, \cdots, y_n\}$（下同），则 $y_{i+1} = 0$，$y_{i+2} = 1$，$y_{i+3} = 0$。

由于第 $i+1$ 个符号为 0，有 $F(0 - 1, \omega_{i+1}) = 0$，于是

$$L_{i+1} = L_i$$

$$R_{i+1} = R_i\omega_{i+1}p(0)$$

$$H_{i+1} = L_i + R_i\omega_{i+1}p(0)$$

第 $i+2$ 个符号为 1，$F(1-1,\omega_{i+2}) = \omega_{i+2}p(0)$，于是

$$L_{i+2} = L_i + R_i\omega_{i+1}\omega_{i+2}p(0)^2$$

$$R_{i+2} = R_i\omega_{i+1}\omega_{i+2}p(0)p(1)$$

$$H_{i+2} = L_i + R_i\omega_{i+1}\omega_{i+2}p(0)^2 + R_i\omega_{i+1}\omega_{i+2}p(0)p(1)$$

第 $i+3$ 个符号为 0，$F(0-1,\omega_{i+3}) = 0$，于是：

$$L_{i+3} = L_i + R_i\omega_{i+1}\omega_{i+2}p(0)^2$$

$$R_{i+3} = R_i\omega_{i+1}\omega_{i+2}\omega_{i+3}p(0)^2 p(1)$$

$$H_{i+3} = L_i + R_i\omega_{i+1}\omega_{i+2}p(0)^2 + R_i\omega_{i+1}\omega_{i+2}\omega_{i+3}p(0)^2 p(1)$$

$[L_{i+3}, H_{i+3})$ 的迭代计算如图 1-3 所示。

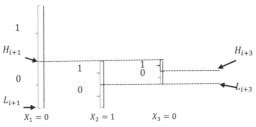

图 1-3　标准模型的计算过程

根据公式（1-11），第 $i+1$ 个符号 $y_{i+1} \in \{0,1\}$，将 $[L_i, H_i)$ 根据 $\phi(y_{i+1})$ 分割成 2 个区间：$y_{i+1} = 0$ 对应的区间为 $[L_i, L_i + R_i\omega_{i+1}p(0))$，$y_{i+1} = 1$ 对应的区间为 $[L_i + R_i\omega_{i+1}p(0), L_i + R_i\omega_{i+1})$。因 $V \in [L_{i+3}, H_{i+3})$，且根据定理 1.2，有 $V \in [L_i, L_i + R_i\omega_{i+1}p(0))$，于是可得 $y_{i+1} = 0$。

已知第 $i+1$ 个符号为 0，选择 $[L_i, L_i + R_i\omega_{i+1}p(0))$，并将 $[L_i, L_i + R_i\omega_{i+1}p(0))$ 分割成 2 个区间：$y_{i+2} = 0$ 对应的区间为 $[L_i, L_i + R_i\omega_{i+1}\omega_{i+2}p(0)^2)$，$y_{i+2} = 1$ 对应的区间为 $[L_i + R_i\omega_{i+1}\omega_{i+2}p(0)^2, L_i + R_i\omega_{i+1}\omega_{i+2}p(0))$，因为 $V \in [L_i + R_i\omega_{i+1}\omega_{i+2}p(0)^2, L_i + R_i\omega_{i+1}\omega_{i+2}p(0))$，所以 $y_{i+2} = 1$。类推可得 $y_{i+3} = 0$。

例 1.2　给定随机序列 X 中符号服从概率空间（1-1），从 $i+1$ 位置开始的

3个符号为$x_{i+1}=1$，$x_{i+2}=5$，$x_{i+3}=s$，且$0<\omega_{i+1}\leq1$，$0<\omega_{i+2}\leq1$，$0<\omega_{i+3}\leq1$。设$V\in[L_{i+3},H_{i+3})$，可通过V解码出$y_{i+1}=1$，$y_{i+2}=5$，$y_{i+3}=s$。

第$i+1$个符号为1，$F(1-1,\omega_{i+1})=\omega_{i+1}p(0)$，于是

$$L_{i+1}=L_i+R_i\omega_{i+1}p(0)$$

$$R_{i+1}=R_i\omega_{i+1}p(1)$$

$$H_{i+1}=L_i+R_i\omega_{i+1}p(0)+R_i\omega_{i+1}p(1)$$

第$i+2$个符号为5，$F(5-1,\omega_{i+2})=\omega_{i+2}F(4)$，于是

$$L_{i+2}=L_i+R_i\omega_{i+1}p(0)+R_i\omega_{i+1}\omega_{i+2}p(1)F(4)$$

$$R_{i+2}=R_i\omega_{i+1}\omega_{i+2}p(1)p(5)$$

$$H_{i+2}=L_i+R_i\omega_{i+1}p(0)+R_i\omega_{i+1}\omega_{i+2}p(1)F(4)+R_i\omega_{i+1}\omega_{i+2}p(1)p(5)$$

第$i+3$个符号为s，$F(s-1,\omega_{i+3})=\omega_{i+3}F(s-1)$，于是

$$L_{i+3}=L_i+R_i\omega_{i+1}p(0)+R_i\omega_{i+1}\omega_{i+2}p(1)F(4)+R_i\omega_{i+1}\omega_{i+2}\omega_{i+3}p(1)p(5)F(s-1)$$

$$R_{i+3}=R_i\omega_{i+1}\omega_{i+2}\omega_{i+3}p(1)p(5)p(s)$$

$$H_{i+3}=L_i+R_i\omega_{i+1}p(0)+R_i\omega_{i+1}\omega_{i+2}p(1)F(4)+R_i\omega_{i+1}\omega_{i+2}\omega_{i+3}p(1)p(5)F(s-1)$$
$$+R_i\omega_{i+1}\omega_{i+2}\omega_{i+3}p(1)p(5)p(s)$$

根据公式（1-11），第$i+1$个符号$y_{i+1}\in\{0,1,\cdots,s\}$将$[L_i,H_i]$根据$\phi(y_{i+1})$分割成$s+1$个区间：$y_{i+1}=0$的区间为$\left[L_i+R_i\omega_{i+1}F(0),L_i+R_i\omega_{i+1}F(1)\right)$，$y_{i+1}=1$的区间为$\left[L_i+R_i\omega_{i+1}p(0),L_i+R_i\omega_{i+1}F(1)\right)$，$y_{i+1}=2$的区间为$\left[L_i+R_i\omega_{i+1}F(1),L_i+R_i\omega_{i+1}F(2)\right)$，$y_{i+1}=s$的区间为$\left[L_i+R_i\omega_{i+1}F(s-1),L_i+R_i\omega_{i+1}F(s)\right)$。由于$V\in[L_{i+3},H_{i+3}]$且$[L_{i+3},H_{i+3}]\subset\left[L_i+R_i\omega_{i+1}p(0),L_i+R_i\omega_{i+1}F(1)\right)$，所以$y_{i+1}=1$。然后选择$\left[L_i+R_i\omega_{i+1}p(0),L_i+R_i\omega_{i+1}F(1)\right)$，并根据$\phi(y_{i+1})$分割成$s+1$个区间，可得$[L_{i+3},H_{i+3}]\subset\left[L_i+R_i\omega_{i+1}p(0)+R_i\omega_{i+1}\omega_{i+2}p(1)F(4),L_i+R_i\omega_{i+1}p(0)+R_i\omega_{i+1}\omega_{i+2}p(1)F(4)+R_i\omega_{i+1}\omega_{i+2}p(1)p(5)\right)$，于是$y_{i+2}=5$。同理，可得$y_{i+3}=s$。

通过例1.1和例1.2可得，标准模型和收缩模型通过V可无损还原随机序列。显然，无损还原的前提是加权概率模型满足下列条件

$$V\in[L_n,H_n)\wedge V\in[L_{n-1},H_{n-1})\wedge\cdots\wedge V\in[L_1,H_1) \qquad (1-15)$$

1.2　扩张模型

因为对于任意 i，$\omega_i \geqslant 1$，且存在 $\omega_i > 1$，所以扩张模型得到的概率区间将不全满足（1–15）的区间从属关系，因 L_i 是单调不减函数，所以存在以下两种情形。

若 L_i 满足

$$L_i < H_{i-1} \wedge L_i < H_{i-2} \wedge \cdots \wedge L_i < H_1 \tag{1–16}$$

则区间 $[L_i, H_i)$ 中存在唯一的实数 $V = L_i$ 满足（1–15）。

若 L_i 满足

$$L_i \geqslant H_{i-1} \vee L_i \geqslant H_{i-2} \vee \cdots \vee L_i \geqslant H_1 \tag{1–17}$$

则区间 $[L_i, H_i)$ 中任意实数 V 均不满足（1–15）。

于是若 L_i 满足（1–16），则扩张模型是无损的。本书中提出的无损压缩算法、对称加密算法、信道检错算法、前向纠错算法等均是基于扩张模型的无损编码方法。若 L_i 满足（1–17），加权概率模型无法还原随机序列，且同一个序列 X，在同一权系数下，加权概率模型计算结果 L_i 必然是相同的。于是，本书中给出的哈希算法、伪随机系统等是基于扩张模型的有损编码方法。

例 1.3　给定二进制伯努利序列 X，X 从 $i+1$ 位置开始的 3 个符号分别为 $x_{i+1} = 0$，$x_{i+2} = 1$，$x_{i+3} = 0$，其中符号 0 和符号 1 的概率为 $p(0)$ 和 $p(1)$，$\omega_{i+1} > 1$，$\omega_{i+2} > 1$，$\omega_{i+3} > 1$。设 $V = L_{i+3}$，当 $L_{i+3} < H_{i+3} \wedge L_{i+3} < H_{i+2} \wedge L_{i+3} < H_{i+1} \wedge L_{i+3} < H_i$ 时，可通过 V 解码出 $y_{i+1} = 0$，$y_{i+2} = 1$，$y_{i+3} = 0$。

根据公式（1–11），扩张模型的计算过程如图 1–4 所示。

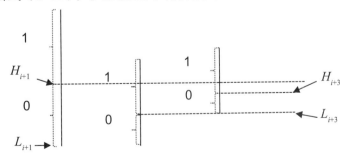

图 1–4　扩张模型的计算过程

根据图 1-4，若 $H_{i+3}>H_{i+1}$，因区间 $[H_{i+1},H_{i+3})\in[H_{i+1},H_{i+1}+R_{i+1})$，且 $[H_i,H_i+R_i)$ 与符号 1 对应，所以第 $i+1$ 个符号 0 可能被错误译码为符号 1。若 $H_{i+3}\leqslant H_{i+1}$，则 $[L_{i+3},H_{i+3})\in[L_{i+1},H_{i+1})$。如图 1-4 中 $[L_{i+1},H_{i+1})$ 与符号 0 唯一对应，所以 $i+1$ 位置上的符号 0 被 L_{i+3} 正确译码，且 $i+2$ 和 $i+3$ 位置上的符号 1 和符号 0 可被正确译码。

由公式（1-8）、公式（1-9）、公式（1-10）可得

$$
\begin{aligned}
H_{i+3} &= L_i + R_i\phi(0)^2 + R_i\phi(0)^2\phi(1)\\
&= L_i + R_i r^2 p(0)^2 + R_i r^3 p(0)^2 p(1)H_{i+1}\\
&= L_i + R_i\phi(0)\\
&= L_i + R_i r p(0)
\end{aligned}\tag{1-18}
$$

因为 $H_{i+3}\leqslant H_{i+1}$，所以

$$
\phi(0)\phi(1)+\phi(0)=r^2 p(1)p(0)+rp(0)\leqslant 1 \tag{1-19}
$$

设方程 $ax^2+bx+c=0$，其中 $a=p(1)p(0)$，$b=p(0)$，$c=-1$，且 $x>0$。满足方程的正实数根为 $\dfrac{\sqrt{p(0)^2+4p(1)p(0)}-p(0)}{2p(1)p(0)}$，因 $p(1)=1-p(0)$，所以

$$
r\leqslant\frac{\sqrt{4p(0)-3p(0)^2}-p(0)}{2p(0)-2p(0)^2}\tag{1-20}
$$

令 r_{max} 为 r 的最大值，则 $r_{max}=\dfrac{\sqrt{4p(0)-3p(0)^2}-p(0)}{2p(0)-2p(0)^2}$。

当扩张模型的权系数 $1<r\leqslant r_{max}$ 时，$L_{i+3}\in[L_{i+3},H_{i+3})\wedge L_{i+3}\in[L_{i+2},H_{i+2})\wedge L_{i+3}\in[L_{i+1},H_{i+1})\wedge L_{i+3}\in[L_i,H_i)$。因 $V=L_{i+3}$，所以通过 V 可得出 $y_{i+1}=0$，$y_{i+2}=1$，$y_{i+3}=0$。

例 1.4 给定二进制伯努利序列 X，X 从 $i+1$ 位置起有 $c+2(c=1,2,3,\cdots,n)$ 个符号，分别为 0，1，1，1，…，1，1，0（其中连续符号 1 的个数为 c）。当 $V=L_{i+c+2}$，且 $L_{i+c+2}\in[L_{i+c+2},H_{i+c+2})\wedge L_{i+c+2}\in[L_{i+c+1},H_{i+c+1})\wedge\cdots\wedge L_{i+c+2}\in[L_i,H_i)$ 时，可通过 V 解码出 $y_{i+1}=0$，$y_{i+2}=1,\cdots$，$y_{i+c+1}=1$，$y_{i+c+2}=0$。

设序列 X 从第 $i+1$ 个位置起有 $c+2(c=1,2,3,\cdots,n)$ 个符号为 $0,1,\cdots,1,0$，其中符号 1 的连续个数为 c，因 $H_{i+c+2}\leqslant H_{i+1}$，根据公式（1-8）、公式（1-9）、公式（1-10）有：

$$
rp(0)+r^2 p(0)p(1)+r^3 p(0)p(1)^2+\cdots+r^{c+1}p(0)p(1)^c\leqslant 1\tag{1-21}
$$

显然，扩张模型的权系数 r 满足公式（1-21）时，$L_{i+c+2}\in[L_{i+c+2},H_{i+c+2})\wedge L_{i+c+2}$

$\in\left[L_{i+c+1}, H_{i+c+1}\right) \wedge \cdots L_{i+c+2} \in\left[L_i, H_i\right)$，于是通过 $V=L_{i+c+2}$ 可得出 $y_{i+1}=0$，$y_{i+2}=1$，$\cdots$，$y_{i+c+1}=1$，$y_{i+c+2}=0$。

例 1.5　给定二进制伯努利序列 X，X 从 $i+1$ 位置开始的 3 个符号分别为 $x_{i+1}=0$，$x_{i+2}=1$，$x_{i+3}=0$，其中符号 0 和符号 1 的概率为 $p(0)$ 和 $p(1)$，$\omega_{i+1}>1$，$\omega_{i+2}=1$，$\omega_{i+3}>1$。设 $V=L_{i+3}$，当 $L_{i+3}<H_{i+3} \wedge L_{i+3}<H_{i+2} \wedge L_{i+3}<H_{i+1} \wedge L_{i+3}<H_i$ 时，可通过 V 解码出 $y_{i+1}=0$，$y_{i+2}=1$，$y_{i+3}=0$。

本例中采用的是动态扩张模型，由于 $\omega_{i+1}>1$ 和 $\omega_{i+3}>1$，即只有符号 0 的权系数大于 1，符号 1 的权系数等于 1。根据公式（1-18）有

$$
\begin{aligned}
H_{i+3} &= L_i + R_i \phi(0)^2 + R_i \phi(0)^2 \phi(1) \\
&= L_i + R_i \omega_{i+1} p(0)^2 + R_i \omega_{i+1} \omega_{i+3} p(0)^2 p(1) H_{i+1} \\
&= L_i + R_i \phi(0) \\
&= L_i + R_i \omega_{i+1} p(0)
\end{aligned}
$$

由 $H_{i+3} \leqslant H_{i+1}$ 可得

$$
\omega_{i+3} \leqslant \frac{1}{p(0)} \tag{1-22}
$$

令 $\omega_{i+1}=\omega_{i+3}=r$，于是当 $r \leqslant \dfrac{1}{p(0)}$ 时，$V=L_{i+3}$，且 $L_{i+3}<H_{i+3} \wedge L_{i+3}<H_{i+2} \wedge L_{i+3}<H_{i+1} \wedge L_{i+3}<H_i$ 成立，可通过 V 解码出 $y_{i+1}=0$，$y_{i+2}=1$，$y_{i+3}=0$。

例 1.6　给定一个整数 $t=1,2,\cdots,n$，且二进制伯努利序列 X 满足

$$
\text{“序列中连续符号 1 的个数最多为} t\text{”} \tag{1-23}
$$

设序列 X 从 $i+1$ 位置起有 $t+2$ 个符号分别为 0，1，1，1，$\cdots$，1，1，0（其中连续符号 1 的个数为 t）。当 $V=L_{i+t+2}$，且 $L_{i+t+2} \in\left[L_{i+t+2}, H_{i+t+2}\right) \wedge L_{i+t+2} \in\left[L_{i+t+1}, H_{i+t+1}\right) \wedge \cdots \wedge L_{i+t+2} \in\left[L_i, H_i\right)$ 时，可通过 V 得出序列 $Y=X$。

若令（$c=0,1,2,\cdots,t$），当 $i=t-c$ 时，根据公式（1-21）有

$$
rp(0)+r^2 p(0)p(1)+r^3 p(0)p(1)^2+\cdots+r^{t-c+1} p(0)p(1)^{t-c} \leqslant 1
$$

由于 $rp(0)+r^2 p(0)p(1)+r^3 p(0)p(1)^2+\cdots+r^{t-c+1} p(0)p(1)^{t-c} \leqslant rp(0)+r^2 p(0)p(1)+r^3 p(0)p(1)^2+\cdots+r^{t+1} p(0)p(1)^t \leqslant 1$，因此 $L_{i+t-c+2} \in\left[L_{i+t-c+2}, H_{i+t-c+2}\right) \wedge L_{i+t-c+2} \in\left[L_{i+t-c+1}, H_{i+t-c+1}\right) \wedge \cdots \wedge L_{i+t-c+2} \in\left[L_i, H_i\right)$ 成立，可通过 V 得出序列 $Y=X$。

又根据公式（1-6）有

$$
F(x_i-1, r)=\sum_{a<x_i} \phi(a)
$$

于是有

$$H_n = \sum_{i=1}^{n} F(x_i - 1, r) \prod_{j=1}^{i-1} \phi(x_j) + \prod_{i=1}^{n} \phi(x_i) \qquad (1-24)$$

根据公式（1-24），由 $H_{i+t+2} \leqslant H_{i+1}$ 得

$$\phi(0) + \phi(0)\phi(1) + \phi(0)\phi(1)^2 + \cdots + \phi(0)\phi(1)^t \leqslant 1 \qquad (1-25)$$

设 $\phi(1) = 1$，则公式（1-25）可化简为

$$\phi(0) \leqslant \frac{1}{t+1} \qquad (1-26)$$

于是，当 $\phi(1) = 1$，$\phi(0) \leqslant \dfrac{1}{t+1}$ 时，$L_{i+t+2} \in [L_{i+t+2}, H_{i+t+2}) \wedge L_{i+t+2} \in [L_{i+t+1}, H_{i+t+1})$ $\wedge \cdots \wedge L_{i+t+2} \in [L_i, H_i)$ 成立。

根据公式（1-25）可得出 $t = 1, 2, 3, 4, 5, 6, 7, 8$，$p(0) = p(1) = \dfrac{1}{2}$ 时，r_{max} 的值如表 1-1 所示。

表 1-1　$p(0) = p(1)$时t与r_{max}的关系表

t	r_{max}	t	r_{max}
1	1.236 067	5	1.008 276
2	1.087 378	6	1.004 034
3	1.037 580	7	1.001 988
4	1.017 320	8	1.000 986

将扩张模型权系数 ω_i 的最大值记为 M_i，M_i 根据不同的序列有不同的值。当 $1 \leqslant \omega_i \leqslant M_i$ 时，$L_n \in [L_n, H_n) \wedge L_n \in [L_{n-1}, H_{n-1}) \wedge \cdots \wedge L_n \in [L_i, H_i)$。

例 1.7 设二进制伯努利序列 X 从第 $i+1$ 开始的符号为 0010，根据公式（1-23）有 $t = 1$。若存在一个权系数 r 对序列 X 加权概率模型编码，译码时第 $i+1$ 个符号 0 能正常译码为符号 0，但是第 $i+2$ 个符号 0 必然被译码为符号 1。显然，译码出现了错误，但是这个错误却是已知的。因为按序译码时得到的第一个符号 1 必然是个符号 0。如译码时已经得出 $y_{i+1} = 0$，$y_{i+2} = 1$，因为这个符号 1 是已知错误，所以可以强制设定 $y_{i+2} = 0$，此时正确的选择为 $[L_{i+2}, H_{i+2})$，往后译码即可得出 $y_{i+3} = 1$，$y_{i+4} = 0$。

设第 $i+3$ 个符号后存在 k 个符号 0，即序列 X 从第 $i+1$ 开始的符号为 0010⋯010（其中连续符号 0 的个数为 k）。由公式（1-11）可得

$$L_{i+k+5} = L_i + R_i\phi(0)^3 + R_i\phi(0)^{k+3}$$

$$H_{i+k+5} = L_i + R_i\phi(0)^3 + R_i\phi(0)^{k+3} + R_i\phi(0)^{k+3}\phi(1)^2$$

$$L_{i+1} = L_{i+2} = L_i$$

$$H_{i+1} = L_i + R_i\phi(0)$$

$$H_{i+2} = L_i + R_i\phi(0)^2$$

显然，若 $L_{i+k+5} \geqslant H_{i+2}$，且 $H_{i+k+5} \leqslant H_{i+1}$，则 y_{i+2} 必然被译码为符号 1。于是

$$\phi(0) + \phi(0)^{k+1} \geqslant 1$$
$$\phi(0)^2 + \phi(0)^{k+2}\left(1 + \phi(1)^2\right) \leqslant 1 \tag{1-27}$$

当 $t = 1$ 且 k 确定时，若 $\phi(0)$ 和 $\phi(1)$ 满足公式（1-27），则 y_{i+2} 必然被加权模型译码为符号 1。同理，可得出 t 和 k 均为已知值的不等式表达式。

1.3　共轨分布函数和共轨加权模型

以标准模型为基础，讨论收缩模型的概率在时序上的总收缩量，或扩张模型的概率在时序上的总扩张量时，用函数表达收缩总量或扩张总量。由于该函数形如加权概率模型的分布函数，且每个符号在时序上和加权概率模型的分布函数保持一致，所以称其为共轨分布函数，记为 $S(X,m)(m \geqslant 1, m \in R)$。

标准模型、收缩模型及扩张模型的共轨分布函数定义如下。

定义 1.3　标准模型的共轨分布函数可表示为 $m(m \geqslant 1, m \in R)$ 倍标准模型的分布函数减去标准模型的分布函数，即

$$S(X,m) = \sum_{i=1}^{n}(m-1)F(x_i-1)\prod_{j=1}^{i-1}p(x_j) + (m-1)\prod_{i=1}^{n}p(x_i)$$

由定义 1.3 可得，标准模型的分布函数 $F(X,1) = \dfrac{S(X,m)}{m-1}$，所以标准模型的共轨分布函数为其分布函数。

定义 1.4　收缩模型的共轨分布函数可表示为 $m(m \geqslant 1, m \in R)$ 倍标准模型的分布函数减去收缩模型的分布函数，即 $S(X,m) = mF(X,1) - F(X,r)$：

$$S(X,m) = \sum_{i=1}^{n}\left(m - \prod_{j=1}^{i}\omega_j\right)F(x_i-1)\prod_{j=1}^{i-1}p(x_j) + \left(m - \prod_{i=1}^{n}\omega_i\right)\prod_{i=1}^{n}p(x_i)$$

显然，收缩模型的共轨分布函数不止一个。根据定义 1.4，还可得出

$$\frac{S(X,m)}{m} = \sum_{i=1}^{n}\left(1 - \frac{1}{m}\prod_{j=1}^{i}\omega_j\right)F(x_i - 1)\prod_{j=1}^{i-1}p(x_j) + \left(1 - \frac{1}{m}\prod_{i=1}^{n}\omega_i\right)\prod_{i=1}^{n}p(x_i)$$

定义 1.5 扩张模型的共轨分布函数可表示为扩张模型的分布函数减去 $m(m \geq 1, m \in R)$ 倍标准模型的分布函数，即 $S(X,m) = F(X,r) - mF(X,1)$：

$$S(X,m) = \sum_{i=1}^{n}\left(\prod_{j=1}^{i}\omega_j - m\right)F(x_i - 1)\prod_{j=1}^{i}p(x_j) + \left(\prod_{i=1}^{n}\omega_i - m\right)\prod_{i=1}^{n}p(x_i)$$

同样，扩张模型的共轨分布函数不止一个。根据定义 1.4 还可得出

$$\frac{S(X,m)}{m} = \sum_{i=1}^{n}\left(\frac{1}{m}\prod_{j=1}^{i}\omega_j - 1\right)F(x_i - 1)\prod_{j=1}^{i-1}p(x_j) + \left(\frac{1}{m}\prod_{i=1}^{n}\omega_i - 1\right)\prod_{i=1}^{n}p(x_i)$$

将满足定义 1.3、1.4、1.5 的共轨分布函数 $S(X,m)$ 的集合定义为共轨加权模型，记为 $\{S(X,m)\}$。

定理 1.3 令 $H_n = \dfrac{S(X,m)}{m}$，$L_n = H_n - \left(1 - \dfrac{1}{m}\prod_{i=1}^{n}\omega_i\right)\prod_{i=1}^{n}p(x_i)$，则 $[L_n, H_n) \subset [L_{n-1}, H_{n-1}) \subset [L_{n-2}, H_{n-2}) \subset \cdots \subset [L_1, H_1)$ 成立。

证明 根据收缩模型和标准模型得出 $0 < \prod_{j=1}^{i}\omega_j \leq 1$，则 $0 < \dfrac{1}{m}\prod_{j=1}^{i}\omega_j \leq 1$，所以 $0 < 1 - \dfrac{1}{m}\prod_{j=1}^{i}\omega_j \leq 1$，即收缩模型或标准模型的共轨分布函数也是一个收缩模型或标准模型。根据定理 1.2 可得，$\dfrac{S(X,m)}{m}$ 满足 $[L_n, H_n) \subset [L_{n-1}, H_{n-1}) \subset [L_{n-2}, H_{n-2}) \subset \cdots \subset [L_1, H_1)$，且收缩模型和标准模型所有共轨分布函数 $\dfrac{S(X,m)}{m}$ 可完整还原随机序列。

定理 1.4 令 $H_n = \dfrac{S(X,m)}{m}$，$L_n = H_n - \left(\dfrac{1}{m}\prod_{i=1}^{n}\omega_i - 1\right)\prod_{i=1}^{n}p(x_i)$，当 $\prod_{j=1}^{i}\omega_j \leq 2m$（$i = 1, 2, \cdots, n$）时，$[L_n, H_n) \subset [L_{n-1}, H_{n-1}) \subset [L_{n-2}, H_{n-2}) \subset \cdots \subset [L_1, H_1)$ 成立。

证明 当 $\prod_{j=1}^{i}\omega_j \leq 2m$，则 $\prod_{j=1}^{i}\omega_j - m \leq m$，于是 $0 < \dfrac{1}{m}\prod_{i=1}^{n}\omega_i - 1 \leq 1$。根据定理 1.2 可得，$[L_n, H_n) \subset [L_{n-1}, H_{n-1}) \subset [L_{n-2}, H_{n-2}) \subset \cdots \subset [L_1, H_1)$ 成立。

定理 1.5 令 $\omega_i = r(i = 1, 2, \cdots, n; r \in R)$，且 $H_n = \dfrac{S(X,m)}{m}$，$L_n = H_n - \left(\dfrac{1}{m}r^n - 1\right)$

$\prod\limits_{i=1}^{n} p(x_i)$，当 $r \leqslant \sqrt[i]{2m}\,(i=1,2,\cdots,n)$ 时， $[L_n, H_n) \subset [L_{n-1}, H_{n-1}) \subset [L_{n-2}, H_{n-2}) \subset \cdots$ $\subset [L_1, H_1)$ 成立。

证明 当 $r \leqslant \sqrt[i]{2m}$，则 $r^i - m \leqslant m$，于是 $0 < \dfrac{1}{m}r^i - 1 \leqslant 1$。根据定理 1.2 可得， $[L_n, H_n) \subset [L_{n-1}, H_{n-1}) \subset [L_{n-2}, H_{n-2}) \subset \cdots \subset [L_1, H_1)$ 成立。

1.4 章结

本章介绍的加权概率和加权概率模型是基于离散随机变量进行推理和证明的，但并未限定 $p(x)$ 只能是离散随机变量的概率。以离散随机变量的加权概率模型为基础，完全可以延伸到条件概率、马尔可夫链、泊松过程等加权概率模型。

不难得出，标准模型、收缩模型可用于无损编码。扩张模型同样能进行无损编码，但当权系数过大时，扩张模型就成了单向散列函数。

第2章 加权模型信息熵

在信息论中，熵被用来衡量一个随机变量出现的数学期望。它代表了在被接收之前，信号传输过程中损失的信息量，又被称为信息熵。信息熵还被称为信源熵、平均自信息量。

2.1 加权模型的信息熵

设离散无记忆信源序列 $X = (x_1, x_2, \cdots, x_n)(x_i \in A, A = \{0, 1, 2, \cdots, s\})$，当 $r = 1$ 时，$\phi(x_i) = p(x_i)$。由香农信息熵定义，X 的熵为（对数以 $s+1$ 为底）

$$H(X) = -\sum_{x_i=0}^{s} p(x_i) \log p(x_i) \qquad (2-1)$$

当 $r \neq 1$ 时，定义具有概率 $\phi(x_i)$ 的随机变量 x_i 的自信息量为

$$I(x_i) = -\log \phi(x_i) \qquad (2-2)$$

设集合 $\{x_i = a\}(i = 1, 2, \cdots, n; a \in A)$ 中有 c_a 个 a。当 r 已知，信源序列 X 的总信息量为

$$-\sum_{a=0}^{s} c_a \log \phi(a)$$

于是平均每个符号的信息量为

$$-\frac{1}{n} \sum_{a=0}^{s} c_a \log \phi(a) = -\sum_{a=0}^{s} p(a) \log \phi(a)$$

定义 2.1 令 $H(X, r)$ 为加权模型信息熵（单位为 bit），于是有

$$H(X, r) = -\sum_{a=0}^{s} p(a) \log \phi(a) \qquad (2-3)$$

$$= -\log r - \sum_{a=0}^{s} p(a) \log p(a) \qquad (2-4)$$

$$= -\log r + H(X) \tag{2-5}$$

定理 2.1　离散无记忆信源序列 $X = (x_1, x_2, \cdots, x_n)(x_i \in A, A = \{0, 1, 2, \cdots, s\}$, $i = 1, 2, \cdots, n)$通过加权概率模型无失真编码，最小极限为 $H(X, r_{\max})$（$r_{\max}$ 为最大权系数）。

$$H(X, r_{\max}) = -\sum_{x_i=0}^{s} p(x_i) \log \phi(x_i)$$

$$= -\log r_{\max} - \sum_{x_i=0}^{s} p(x_i) \log p(x_i)$$

$$= -\log r_{\max} + H(X)$$

证明　任意 $r > r_{\max}$ 时，$L_n \in [L_n, H_n] \wedge L_n \in [L_{n-1}, H_{n-1}] \wedge \cdots \wedge L_n \in [L_i, H_i]$不成立，即无法还原序列 X。当 $0 < r \leqslant 1$ 时，$-\log r \geqslant 0$，有 $H(X, r) \geqslant H(X)$；当 $1 < r \leqslant r_{\max}$ 时，$-\log r < 0$，有 $H(X, r) < H(X)$，显然最小极限值为 $H(X, r) = -\log r_{\max} + H(X)$。

定理 2.1 给出的是静态加权模型的信息熵。而在动态加权模型中，当系数序列 $W = \{\omega_1, \omega_2, \cdots, \omega_n\}$ 已知时，根据独立离散随机序列 X，其加权概率为

$$P(X) = \prod_{i=1}^{n} \phi(x_i) = \prod_{i=1}^{n} \omega_i \prod_{i=1}^{n} p(x_i) \tag{2-6}$$

根据对数运算法则可得

$$-\log P(X) = -\log \prod_{i=1}^{n} \omega_i - \sum_{i=1}^{n} \log p(x_i) \tag{2-7}$$

由于集合 $\{x_i = a\}(i = 1, 2, \cdots, n; a \in A)$中有 c_a 个 a，所以

$$n = \sum_{a=0}^{s} c_a \tag{2-8}$$

显然，公式（2-7）可变换为

$$-\log P(X) = -\log \prod_{i=1}^{n} \omega_i - \sum_{a=0}^{s} c_a \log p(a) \tag{2-9}$$

然后将（2-9）平均到每个符号，则有

$$H(X, W) = -\frac{\log P(X)}{n} = -\frac{1}{n} \log \prod_{i=1}^{n} \omega_i - \sum_{a=0}^{s} \frac{c_a \log p(a)}{n} \tag{2-10}$$

因 $p(a) = \frac{c_a}{n}$，所以 $-\sum_{a=0}^{s} p(a) \log p(a) = H(X)$。于是

$$H(X, W) = -\frac{1}{n} \log \prod_{i=1}^{n} \omega_i - H(X) \tag{2-11}$$

令

$$r = \sqrt[n]{\prod_{i=1}^{n} \omega_i} \qquad (2\text{-}12)$$

可得 $H(X,W) = -\log r - H(X)$。当 $r \leqslant r_{max}$ 时，$L_n \in [L_n, H_n) \wedge L_n \in [L_{n-1}, H_{n-1}) \wedge \cdots \wedge L_n \in [L_i, H_i)$ 成立。

例 2.1 给定二进制伯努利序列 X，X 中符号 0 和符号 1 的概率为 $p(0) = 0.6$ 和 $p(1) = 0.4$。序列 X 满足（1-23）且 $t = 1$。求最大系数 r_{max}，并得出加权模型的信息熵 $H(X, r_{max})$。

根据（1-20）可得 $r_{max} = \dfrac{\sqrt{4p(0) - 3p(0)^2} - p(0)}{2p(0) - 2p(0)^2} = 1.143\,567\,769$（本书约定小数点后保留位数大于 6 位时用等号）。

（1）因 X 为二进制序列，所以 $s = 1$，则对数以 $s + 1 = 2$ 为底，于是 $-\log_2 r_{max} = -0.193\,541\,864$。

由于 $H(X) = -p(0)\log_2 p(0) - p(1)\log_2 p(1) = 0.970\,950\,594$，并根据（2-5）可得 $H(X, r_{max}) = -0.193\,541\,864 + 0.970\,950\,594 = 0.777\,408\,73$。很显然，在扩张模型下 $H(X, r_{max})$ 小于 $H(X)$。设序列 X 中共有 n 个符号，于是基于扩张模型编码后的序列长度为 $nH(X, r_{max}) = 0.777\,408\,73n$（bit）。在例 2.1 中，我们也可以从左至右将每个符号 1 后面的符号 0 去除，因为这个规律很容易无损地还原序列 X，从左至右每译码一个符号 1 后补充一个符号 0 即可。

（2）设去除符号 1 后的符号 0 后的序列为 X'，且 X' 不符合（1-23）。由于去除了 $p(1)n$ 个符号 0，剩下 $p(0)n$ 个符号，则 X' 中符号 0 和符号 1 的概率变为 $p'(0) = \dfrac{p(0) - p(1)}{p(0)} = 0.333\,3$，$p'(1) = \dfrac{p(1)}{p(0)} = 0.666\,7$，将其代入 $H(X)$ 得 $H(X) = 0.918\,295\,831$（bit）。X' 通过标准模型编码后的序列长度为 $p(0)nH(X) = 0.550\,977\,49n$（bit）。此时 $H(X)$ 更小，但是失去了（1-23）所述规律。

例 2.2 给定二进制伯努利序列 X，X 中符号 0 和符号 1 的概率为 $p(0) = p(1) = 0.5$。序列 X 从左至右，每个符号 1 后增加一个符号 0 得到序列 X'。设 $\phi(1) = 1$，求 $\phi(0)$ 的最大值，并得出加权模型的信息熵 $H(X, r_{max})$。

由（1-26）可得 $\phi(0)$ 的最大值为 0.5，X' 中符号 0 和符号 1 的概率为

$p(0) = \dfrac{2}{3}$，$p(1) = \dfrac{1}{3}$。于是由公式（2-3）可得 $H(X, r_{max}) = -\dfrac{2}{3}\log_2 0.5 - \dfrac{1}{3}\log_2 1 = \dfrac{2}{3}$（bit）。设序列 X 的长度为 n，则添加符号 0 后长度为 $\dfrac{3}{2}n$，所以扩张模型编码后的长度为 $\dfrac{3}{2}nH(X, r_{max}) = n$（bit）。

例 2.3　给定二进制伯努利序列 X，X 中符号 0 和符号 1 的概率为 $p(0) = p(1) = 0.5$。序列 X 从左至右，每个符号 1 后增加一个符号 0 得到序列 X'，然后在序列 X' 中每个符号 0 后增加一个符号 1。设 $\phi(1) = 1$，求 $\phi(0)$ 的最大值，并得出加权模型的信息熵 $H(X, r_{max})$。

由（1-26）可得 $\phi(0)$ 的最大值为 $\dfrac{1}{3}$，X' 中符号 0 和符号 1 的概率为 $p(0) = \dfrac{2}{5}$，$p(1) = \dfrac{3}{5}$。于是由公式（2-3）可得 $H(X, r_{max}) = -\dfrac{2}{5}\log_2 \dfrac{1}{3} - \dfrac{3}{5}\log_2 1 = -\dfrac{2}{5}\log_2 \dfrac{1}{3}$（bit）。设序列 X 的长度为 n，则添加符号后长度为 $\dfrac{5}{2}n$，所以扩张模型编码后的长度为 $\dfrac{5}{2}nH(X, r_{max}) = -n\log_2 \dfrac{1}{3}$（bit）。

例 2.4　给定长度为 n 的二进制伯努利序列 X，X 中符号 0 和符号 1 的概率为 $p(0)$，$p(1)$。通过加权模型将序列 X 编码为 L bit 的数据时，求权系数 r。

根据公式（2-5）有

$$-n\log_2 r + nH(X) = L \qquad (2-13)$$

其中 $H(X) = -p(0)\log_2 p(0) - p(1)\log_2 p(1)$，于是

$$r = 2^{H(X) - L/n} \qquad (2-14)$$

公式（2-14）在单向散列函数和随机数函数中具有理论指导意义。

2.2　章结

　　加权模型信息熵是利用加权概率模型无损编码的最小极限。基于定理 2.1 可推理出条件概率的加权模型信息熵、马尔可夫链的加权模型信息熵等。加权模型信息熵是后续编码方法构建和证明的基础。

第3章 加权模型压缩算法

根据第 1 章例 1.6，每个 t 在加权概率模型中唯一对应一个最大权系数 r_{max}。由于待压缩的文件存在一定的规律性，若通过符号统计并进行转换，使处理后的文件的二进制数据满足"序列中连续符号 1 的个数最多为 t"，则可通过加权概率模型进行无损压缩。

3.1 无损压缩算法

例 3.1 给定长度为 32 bit 的二进制伯努利序列 X，$X = (1,0,1,1,0,1,0,0,1,0,0,0,1,1,0,1,1,1,0,1,0,1,0,1,1,0,0,0,0,1,0,1)$，求加权概率无损编码过程。

序列 X 满足（1–23），且 $t = 3$（连续的符号 1 的个数最多为 3 个），序列 X 中符号 0 和符号 1 的概率为 $p(0) = p(1) = 0.5$。根据表 1–1 可得 $r_{max} = 1.037\,58$，$R_0 = r_{max} = 1.037\,58$，$L_0 = 0$。由公式（1–11）得加权模型编码过程，如下所示。

（1）$i = 1$，$x_1 = 1$，$R_1 = R_0 rp(1) = 0.538\,286\,128\,2$，$L_1 = L_0 + R_0 F(1-1,r) = L_0 + R_0 rp(0) = 0.538\,286\,128\,2$。

（2）$i = 2$，$x_2 = 0$，$R_2 = R_1 rp(0) = 0.279\,257\,460\,449$，$L_2 = L_1 + R_1 F(0-1,r) = L_1 = 0.538\,286\,128\,2$。因 $F(0-1,r) = F(-1,r) = 0$，所以 $L_2 = L_1$。

（3）$i = 3$，$x_3 = 1$，$R_3 = R_2 rp(1) = 0.144\,875\,977\,906$，$L_3 = L_2 + R_2 F(1-1,r) = L_2 + R_2 rp(0) = 0.683\,162\,106\,106$。

迭代计算得到的结果如表 3-1 所示。

表 3-1 序列 X 的加权编码过程

i	x_i	R_i	L_i
1	1	0.538 286 128 200	0.538 286 128 200
2	0	0.279 257 460 449	0.538 286 128 200
3	1	0.144 875 977 906	0.683 162 106 106
4	1	0.075 160 208 578	0.758 322 314 684
5	0	0.038 992 364 608	0.758 322 314 684
6	1	0.020 228 848 835	0.778 551 163 519
7	0	0.010 494 524 487	0.778 551 163 519
8	0	0.005 444 454 359	0.778 551 163 519
9	1	0.002 824 528 477	0.781 375 691 996
10	0	0.001 465 337 128	0.781 375 691 996
11	0	0.000 760 202 249	0.781 375 691 996
12	0	0.000 394 385 325	0.781 375 691 996
13	1	0.000 204 603 163	0.781 580 295 159
14	1	0.000 106 146 075	0.781 686 441 233
15	0	0.000 055 067 522	0.781 686 441 233
16	1	0.000 028 568 480	0.781 715 009 713
17	1	0.000 014 821 042	0.781 729 830 755
18	1	0.000 007 689 008	0.781 737 519 763
19	0	0.000 003 988 981	0.781 737 519 763
20	1	0.000 002 069 443	0.781 739 589 206
21	0	0.000 001 073 606	0.781 739 589 206
22	1	0.000 000 556 976	0.781 740 146 183
23	0	0.000 000 288 954	0.781 740 146 183
24	1	0.000 000 149 906	0.781 740 296 089
25	1	0.000 000 077 770	0.781 740 373 859

i	x_i	R_i	L_i
26	0	0.000 000 040 346	0.781 740 373 859
27	0	0.000 000 020 931	0.781 740 373 859
28	0	0.000 000 010 859	0.781 740 373 859
29	0	0.000 000 005 633	0.781 740 373 859
30	1	0.000 000 002 923	0.781 740 376 781
31	0	0.000 000 001 516	0.781 740 376 781
32	1	0.000 000 000 787	0.781 740 377 568

编码后的结果为 L_{32} =0.781 740 377 568，R_{32} =0.000 000 000 787，则 $H_{32} = R_{32} + L_{32}$ =0.781 740 378 355。因 $V \in [L_{32}, H_{32})$，所以 V 可取 0.781 740 378。将 0.781 740 378 转成二进制序列 Y，即 10 1110 1001 1000 0110 1001 0101 1010，共 30 bit。

译码时，已知 $V = 0.781 740 378$ 且 $p(0) = p(1) = 0.5$，令 $R_0 = 1.037 58$，$L_0 = 0$，$H_0 = r_{\max} = 1.037 58$。通过公式（1-11）得加权模型译码过程，如下所示。

（1）符号 0 的区间为 $[L_1^0, H_1^0)$，$L_1^0 = L_0 + R_0 F(0-1, r) = L_0 = 0$，$R_1^0 = R_0 r p(0)$ =0.538 286 128 2，$H_1^0 = L_1^0 + R_1^0$ =0.538 286 128 2；符号 1 的区间为 $[L_1^1, L_1^1)$，$L_1^1 = L_0 + R_0 F(1-1, r) = L_0 + R_0 r p(1) = H_1^0$ =0.538 286 128 2，$R_1^1 = R_0 r p(1)$ =0.538 286 128 2，$H_1^1 = L_1^1 + R_1^1$ =1.076 572 256 4。因 $V \in [L_1^1, H_1^1)$，所以译码出符号 1。这个过程可以简化为如下过程：当 $V < H_1^0$ 则译码输出符号 0；当 $V \geqslant H_1^0$ 则译码输出符号 1。简化后仅需要计算 H_1^0 的值。由于译码出了符号 1，所以 $L_1 = L_1^1$，$R_1 = R_1^1$。

（2）$H_2^0 = L_1 + R_1 F(0-1, r) + R_1 r p(0) = L_1 + R_1 r p(0)$ =0.538 286 128 2+0.538 286 128 2 × 1.037 58 × 0.5=0.817 543 588 649。因 $V < H_2^0$，所以译码出符号 0。$L_2 = L_2^0 = L_1 + R_1 F(0-1, r) = L_1$ =0.538 286 128 2，$R_2 = R_1 r p(0)$ =0.538 286 128 2 × 1.037 58 × 0.5=0.279 257 460 449。

（3）$H_3^0 = L_2 + R_2 r p(0)$ =0.538 286 128 2+0.279 257 460 449 × 1.037 58 × 0.5=0.683 162 106 106。因 $V \geqslant H_3^0$，所以译码出符号 1。$L_3 = L_2 + R_2 F(1-1, r) = L_2 + R_2 r p(0) = H_3^0$ =0.683 162 106 106，$R_3 = R_2 r p(1)$ =0.279 257 460 449 × 1.037 58 × 0.5=0.144 875 977 906。

类推可得如表 3-2 所示结果。

表 3-2　序列 *X* 的加权译码过程

i	V	H_i^0	x_i
1	0.781 740 378	0.518 790 000 000	1
2	0.781 740 378	0.817 543 588 649	0
3	0.781 740 378	0.683 162 106 106	1
4	0.781 740 378	0.758 322 314 684	1
5	0.781 740 378	0.797 314 679 292	0
6	0.781 740 378	0.778 551 163 519	1
7	0.781 740 378	0.789 045 688 006	0
8	0.781 740 378	0.783 995 617 878	0
9	0.781 740 378	0.781 375 691 996	1
10	0.781 740 378	0.782 841 029 125	0
11	0.781 740 378	0.782 135 894 245	0
12	0.781 740 378	0.781 770 077 321	0
13	0.781 740 378	0.781 580 295 159	1
14	0.781 740 378	0.781 686 441 233	1
15	0.781 740 378	0.781 741 508 756	0
16	0.781 740 378	0.781 715 009 713	1
17	0.781 740 378	0.781 729 830 755	1
18	0.781 740 378	0.781 737 519 763	1
19	0.781 740 378	0.781 741 508 744	0
20	0.781 740 378	0.781 739 589 206	1
21	0.781 740 378	0.781 740 662 813	0
22	0.781 740 378	0.781 740 146 183	1
23	0.781 740 378	0.781 740 435 136	0
24	0.781 740 378	0.781 740 296 089	1
25	0.781 740 378	0.781 740 373 859	1
26	0.781 740 378	0.781 740 414 205	0
27	0.781 740 378	0.781 740 394 790	0

i	V	H_i^0	x_i
28	0.781 740 378	0.781 740 384 718	0
29	0.781 740 378	0.781 740 379 492	0
30	0.781 740 378	0.781 740 376 781	1
31	0.781 740 378	0.781 740 378 298	0
32	0.781 740 378	0.781 740 377 568	1

显然，序列 X 基于扩张模型可无损编译码。当 $r_{max}=1$，$H_0=R_0=r_{max}=1$，$L_0=0$ 时，标准模型可无损编译码且 $V=0.705\ 289\ 216\ 1$。将 V 转成二进制序列 Y，即 1 1010 0100 0110 0010 1001 1000 0000 0001，共 33 bit。当 $r_{max}=0.95$，$H_0=R_0=r_{max}=0.95$，$L_0=0$ 时，收缩模型可无损编译码且 $V=0.613\ 604\ 598\ 56$。将 V 转成二进制序列，即 1110 0100 1001 0101 1110 0101 0000 0101 0000，共 36 bit。相较下，扩张模型压缩比更高。

信源随机生成的序列 X 并不全满足（1-23），且符号的概率也不一定均等，所以需要对序列 X 进行如下处理。

　　"序列 X 中所有'11…1'（共 t 个符号 1）后增加一个符号 0"　（3-1）

通过（3-1）处理后序列 X 满足（1-23），且去除"11…1"后的符号 0 即可还原序列 X。

例 3.2　给定长度为 n 的二进制伯努利序列 X，X 中符号 0 号符号 1 的概率 $p(0)=0.5$，$p(1)=0.5$，根据（3-1）对序列 X 进行处理使 $t=1$。求加权模型信息熵及压缩后序列的比特长度。

（1）处理后序列 X 长度为 $\frac{3}{2}n$，符号 0 的个数为 n，符号 1 的个数为 $\frac{n}{2}$。根据表 1-1 可得 $r_{max}=1.236\ 067$，于是由定理 2.1 可得

$$H\left(X,r_{max}\right)=-\frac{3}{2}\log_2\frac{1.236\ 067}{2}=1.041\ 364\ 5$$

编码后序列长度为 $1.041\ 364\ 5n$ bit，无压缩效果。

（2）处理后序列 X 中符号 0 和符号 1 的概率变为了 $p(0)=\frac{2}{3}$，$p(1)=\frac{1}{3}$，由公式（1-20）可得

$$r_{max}=\frac{\sqrt{4p(0)-3p(0)^2}-p(0)}{2p(0)-2p(0)^2}=1.098\ 076\ 2$$

于是

$$H\left(X, r_{\max}\right) = -\frac{2}{3}\log_2\frac{2\times1.098\,076\,2}{3} - \frac{1}{3}\log_2\frac{1.098\,076\,2}{3} = 0.783\,317\,6$$

编码后序列长度为 $\frac{3}{2}nH\left(X, r_{\max}\right) = 1.174\,976n$（bit），也不具备压缩效果。

（3）设 $\phi(1) = 1$，根据（1-26）可得 $\phi(0)$ 的最大值为 $\frac{1}{2}$。将 $\phi(0)$ 和 $\phi(1)$ 代入公式（2-3）可得

$$H\left(X, r_{\max}\right) = -\frac{2}{3}\log_2\frac{1}{2} - \frac{1}{3}\log_2 1 = \frac{2}{3}$$

于是编码后序列 Y 长度为 $\frac{3}{2}nH\left(X, r_{\max}\right) = n$（bit），显然也不具备压缩效果，但加权概率模型无损编码方法服从香农信息论相关定理。

例 3.3 给定长度为 n 的二进制伯努利序列 X，X 中符号 0 号符号 1 的概率 $p(0) = \frac{4}{5}$，$p(1) = \frac{1}{5}$，根据（3-1）对序列 X 进行处理使 $t = 1$。求加权模型信息熵及压缩后序列的比特长度。

（1）处理后序列 X 长度为 $\frac{6}{5}n$，符号 0 的个数为 n，符号 1 的个数为 $\frac{n}{5}$。若序列 X 采用 $p(0) = \frac{4}{5}$ 和 $p(1) = \frac{1}{5}$ 进行扩张模型编码，由（1-20）可得 $r_{\max} = 1.035\,533\,9$，则 $H\left(X, r_{\max}\right) = 0.721\,928$。编码后序列长度为 $\frac{6}{5}nH\left(X, r_{\max}\right) = 0.839\,44n$（bit），具有压缩效果。

（2）若序列 X 采用处理后的 $p(0) = \frac{5}{6}$ 和 $p(1) = \frac{1}{6}$ 进行扩张模型编码。由（1-20）可得 $r_{\max} = 1.024\,922\,359$，则 $H\left(X, r_{\max}\right) = 0.614\,5$。编码后序列长度为 $\frac{6}{5}nH\left(X, r_{\max}\right) = 0.737\,4n$（bit），具有压缩效果，且相较于 $p(0) = \frac{4}{5}$，$p(1) = \frac{1}{5}$ 时的扩张模型编码，无损压缩比提升 12.15%。

（3）当 $p(0) = 0.741\,774\,1$ 时，$r_{\max} = 1.058\,692\,1$，$H\left(X, r_{\max}\right) = 0.824\,057\,32$，编码后序列长度为 $\frac{6}{5}nH\left(X, r_{\max}\right) = n$（bit）。显然，序列 X 中 $p(0) > 0.651\,881$，或者处理后序列 X 中 $p(0) > 0.741\,774$ 时，具有压缩效果。

例 3.4 给定长度为 n 的二进制伯努利序列 X，X 中符号 0 和符号 1 的概率

为 $p(0)$ 和 $p(1)$，根据（3–1）对序列 X 进行处理使序列 X 满足（1–23）。求加权模型信息熵及压缩后序列的比特长度。

显然符号 0 的个数为 $np(0)$，符号 1 的个数为 $np(1)$，设序列 X 中有 a 个 "11…1"（t 个符号 1）。于是，根据（3–1）对序列 X 进行处理时其增加了 a 个符号 0。处理后序列 X 中符号 0 和符号 1 的概率为 $p(0)=\dfrac{np(0)+a}{n+a}$，$p(1)=\dfrac{np(1)}{n+a}$。由（1–20）可得 r_{max}，则可求出 $H(X, r_{max})$。于是编码后序列长度为 $(n+a)H(X, r_{max})$（bit）。

无损压缩算法的实现过程如下。

设信源生成长度为 n 的二进制伯努利序列 X。扩张模型无损编码主要分为以下步骤。

步骤一：获得 t 所对应的统计表 T。$t=1$ 时，T_1 为序列 X 中 "1" 的个数；$t=2$ 时，T_2 为序列 X 中 "11" 的个数；$t=3$ 时，T_3 为序列 X 中 "111" 的个数；依此类推。同步，得出符号 0 的个数 c_0 和符号 1 的个数 c_1，于是

$$p(0)=\frac{c_0}{n} \tag{3-2}$$

步骤二：根据表 T 中的每一个 T_i，得出 $p(0)=\dfrac{c_0+T_i}{n+T_i}$，将 $p(0)$ 通过下式计算出 r_{max}。

$$r_{max}p(0)+r_{max}{}^2p(0)p(1)+r_{max}{}^3p(0)p(1)^2 \\ +\cdots+r_{max}{}^{T_i+1}p(0)p(1)^{T_i}=1 \tag{3-3}$$

同步完成 $H(X, r_{max})$ 的计算，得到列表 H。

步骤三：选择列表 H 中最小的值所对应的 $p(0)$，t，r_{max} 进行扩张模型无损编码。

显然，此时可以得到最短的无损编码结果（详见 3.3 节中部分 C/C++ 程序源代码）。相比之下，加权概率模型无损压缩结果更接近信息熵理论极限。

3.2　有损压缩算法

加权模型有损压缩算法主要应用于图像、视频和音频领域。由于加权模型针对满足（1–23）的二进制序列具有很好的无损压缩效果，且图像、视频和

音频等数据在一定失真率下不影响感官效果。于是，若数据满足（1-23）时可以采用扩张模型实现很好的压缩效果。

"序列 X 中所有 '11…1'（共 t 个符号 1）后 k 个符号 1 改为符号 0"　（3-4）

例 3.5　给定长度为 n 的二进制伯努利序列 X，X 中符号 0 和符号 1 的概率为 $p(0)$ 和 $p(1)$，根据（3-4）对序列 X 进行处理使序列 X 满足（1-23），且 $t=1$。若序列 X 满足"每个符号 1 至少被 $k(k=1,2,\cdots)$ 个符号 0 隔开"，求加权模型信息熵及压缩后序列 Y 的比特长度。

设经过（3-4）处理后序列 X 从第 $i+1$ 开始的 $2k+1$ 个符号为 $0\cdots010\cdots0$（其中 $0\cdots0$ 代表 k 个符号 0），由公式（1-8）、公式（1-9）、公式（1-10）可得

$$
\begin{aligned}
H_{i+5} &= L_i + R_i\phi(0)^{k+1} + R_i\phi(0)^{2k}\phi(1) \\
&= L_i + R_i r^{k+1} p(0)^{k+1} + R_i r^{2k+1} p(0)^{2k} p(1) H_{i+1} \\
&= L_i + R_i\phi(0) \\
&= L_i + R_i r p(0)
\end{aligned}
\tag{3-5}
$$

因为 $H_{i+5} \le H_{i+1}$，所以

$$
\phi(0)^k + \phi(0)^{2k-1}\phi(1) = r^k p(0)^k + r^{2k} p(0)^{2k-1} p(1) \le 1
\tag{3-6}
$$

于是

$$
r_{max}^{\ k} p(0)^k + r_{max}^{\ 2k} p(0)^{2k-1} p(1) = 1
\tag{3-7}
$$

根据公式（3-7）可得 r_{max}，根据（3-4）处理后的序列 X 中符号 0 和符号 1 的概率发生变化，代入定理 2.1 可得 $H(X,r_{max})$。于是序列 Y 的长度为 $nH(X,r_{max})$。同理，我们也可以得出不同的 t 与 k 对应 r_{max} 的等式。

3.2.1　失真率控制一

以字节为单位，用 8 位二进制表达一个字节，字节满足 $t=1$ 的组合方式如表 3-3 所示（注意：任意两个字节相邻时也必须满足 $t=1$，比如值为 1 的字节 x_i，若字节 x_{i+1} 大于等于 128，则不满足 $t=1$），二进制值采用多项式 $x_i = a_7 2^7 + a_6 2^6 + a_5 2^5 + a_4 2^4 + a_3 2^3 + a_2 2^2 + a_1 2^1 + a_0 2^0$ 中的系数 $(a_7,a_6,a_5,a_4,a_3,a_2,a_1,a_0)$ 排序方式。

表 3-3　$0 \sim 255$ 中满足 $t=1$ 的数值

i	x_i	$(a_7,a_6,a_5,a_4,a_3,a_2,a_1,a_0)$
1	0	0,0,0,0,0,0,0,0 +

i	x_i	$(a_7,a_6,a_5,a_4,a_3,a_2,a_1,a_0)$
2	2	0,0,0,0,0,0,1,0
3	4	0,0,0,0,0,1,0,0
4	8	0,0,0,0,1,0,0,0
5	10	0,0,0,0,1,0,1,0
6	16	0,0,0,1,0,0,0,0
7	18	0,0,0,1,0,0,1,0
8	20	0,0,0,1,0,1,0,0
9	32	0,0,1,0,0,0,0,0
10	34	0,0,1,0,0,0,1,0
11	36	0,0,1,0,0,1,0,0
12	40	0,0,1,0,1,0,0,0
13	42	0,0,1,0,1,0,1,0
14	64	0,1,0,0,0,0,0,0
15	66	0,1,0,0,0,0,1,0
16	68	0,1,0,0,0,1,0,0
17	72	0,1,0,0,1,0,0,0
18	74	0,1,0,0,1,0,1,0
19	80	0,1,0,1,0,0,0,0
20	82	0,1,0,1,0,0,1,0
21	84	0,1,0,1,0,1,0,0
22	128	1,0,0,0,0,0,0,0
23	130	1,0,0,0,0,0,1,0
24	132	1,0,0,0,0,1,0,0
25	136	1,0,0,0,1,0,0,0
26	138	1,0,0,0,1,0,1,0
27	144	1,0,0,1,0,0,0,0
28	146	1,0,0,1,0,0,1,0

i	x_i	$(a_7,a_6,a_5,a_4,a_3,a_2,a_1,a_0)$
29	148	1,0,0,1,0,1,0,0
30	160	1,0,1,0,0,0,0,0
31	162	1,0,1,0,0,0,1,0
32	164	1,0,1,0,0,1,0,0
33	168	1,0,1,0,1,0,0,0
34	170	1,0,1,0,1,0,1,0

表 3–3 共有 34 个 x_i。若将任意字节值 x_i 均匀量化为表 3–1 的 34 个值，则量化参数 $Q = \dfrac{34}{256} = 0.132\,812\,5$。不难得出，当 $t = 2$ 时，有 81 个值，$Q = \dfrac{81}{256}$ $= 0.316\,406\,25$；当 $t = 3$ 时，有 108 个值，$Q = \dfrac{108}{256} = 0.421\,875$；当 $t = 7$ 时，有 128 个值，$Q = 0.5$。于是，任意字节值 x_i 乘以 Q 量化为 $\left\lfloor x_i' \right\rfloor$，且 x_i 可通过 $\dfrac{\left\lfloor x_i' \right\rfloor}{Q}$ 进行逆量化。当 $Q \to 1$ 时 $\left\lfloor x_i' \right\rfloor \to x_i$，失真率也就趋近于 0。失真率越低，数据保真度就越高。

3.2.2　失真率控制二

3.2.1 节是将每个字节直接进行量化的方法。本节将基于图像、视频中的三分量（颜色空间），比如 R（红）、G（绿）、B（蓝）分量（也可以是 YUV，或 DCT、小波变换后的系数）。将每个分量的第 x_i 个字节表达为二进制多项式形式：

$$x_i = a_7 2^7 + a_6 2^6 + a_5 2^5 + a_4 2^4 + a_3 2^3 + a_2 2^2 + a_1 2^1 + a_0 2^0 \qquad （3-8）$$

定义 a_7，a_6，a_5，a_4，a_3，a_2，a_1，a_0 为 x_i 不同位平面的系数，且 $a_j \in \{0,1\}$，$j = 0,1,\cdots,7$。若每个分量中的任意 x_i 为奇数且 $a_0 = 0$ 时，则 $x_i' = x_i - 1$，奇数值在还原时少 1；若 x_i 为偶数且 $a_0 = 0$ 时，$x_i' = x_i$，偶数值可以无损还原。类推，若 x_i 为奇数且 $a_1 = 0$，$a_0 = 0$ 时，$x_i' = x_i - 3$，奇数值在还原时少 3；x_i 为偶数且 $a_1 = 0$，$a_0 = 0$ 时，$x_i' = x_i - 2$，偶数值在还原时少 2。显然本节的失真率要低于 3.2.1 节方法的失真率。

设获取 K 个位平面，且 $K = 1,2,3,4,5,6,7,8$，每个分量的字节长度为 n，则 $i = 1,2,\cdots,n$。当 $K = 1$ 时，获取三个分量中每个字节 x_i 对应的 a_7，则每个分量有 n

个a_7。于是获得了第一个位平面，标记为$BitPlane1$。显然$BitPlane1$的比特长度为n。然后设$t=1$，则每个符号1后增加一个符号0，添加符号0后的位平面数据标记为$tmpBitPlane1$。之后统计$tmpBitPlane1$中符号0的概率$p(0)$，并通过（1–20）计算出r_{max}。接着使用扩张模型对$tmpBitPlane1$进行无损编码。

当$K=2$时，获取三个分量中每个字节x_i对应的a_7，得到$tmpBitPlane1$。然后获取三个分量中每个字节x_i对应的a_6，得到$tmpBitPlane2$。设$t=1$，求出$tmpBitPlane1$和$tmpBitPlane2$对应的r_{max}，使用扩张模型对$tmpBitPlane1$和$tmpBitPlane2$进行无损编码。

$K<8$则说明采用位平面量化的方式对图像、视频进行的是有损压缩。公式（3–8）适用于DCT变换后的系数或小波变换后的系数，设系数的绝对值最大为T，求出T对应的比特长度T_{bit}。$K<T_{bit}$，说明进行了比特平面量化，K越小则量化程度越大，压缩效率越高，有损压缩比也越高，图像清晰度也会下降。

优势如下。

（1）利用加权概率模型构建了新的位平面量化算法，区别于SPIHT、EZW、EBCOT等。

（2）基于K的位平面量化使运算效率远远大于SPIHT、EZW、EBCOT等算法。

（3）扩张模型是线性编码，且可以分解任意块大小后进行编码，通过权系数r_{max}，扩张模型可使每个位平面的无损压缩达到或接近信息熵。

（4）扩张模型是线性编码，其既可以根据不同的块进行位平面量化，也可以根据整个图像输出码流的大小要求自动调节K的值和扩张模型编码的终止位置。

3.2.3　有损压缩算法实现

设信源生成长度为n的序列X，序列X以字节为单位。扩张模型有损编码主要分为以下步骤。

步骤一：以字节为单位，设$t=1$，可得$Q=0.1328125$。然后将每个字节$x_i(i=1,2,\cdots,n)$量化成0～33的值，通过查表3–1得出8 bit长度的二进制序列S。统计n个S中全部符号0的个数c_0，于是

$$p(0)=\frac{c_0}{n} \qquad (3-9)$$

步骤二：将$p(0)$代入公式（3–10）计算出r_{max}。

$$r_{max} = \frac{\sqrt{4p(0) - 3p(0)^2} - p(0)}{2p(0) - 2p(0)^2}$$ （3-10）

步骤三：将 $p(0)$，t，r_{max} 进行扩张模型无损编码，得出编码结果 Y。扩张模型无损编码流程的 C/C++ 实现方法详见 3.3 节。

3.3　无损／有损压缩算法 C/C++ 实现

以区间编码（详见参考文献：G. N. N. Martin, Range encoding: an algorithm for removing redundancy from a digitised message. Video & Data Recording Conference, held in Southampton July 24–27 1979.）为加权概率模型编码算法的核心，实现数据无损或有损压缩。下面是当 $t = 1$ 时基于 C/C++ 实现的加权模型无损压缩方法实例。

3.3.1　编码流程图

编码流程图如图 3-1 所示。

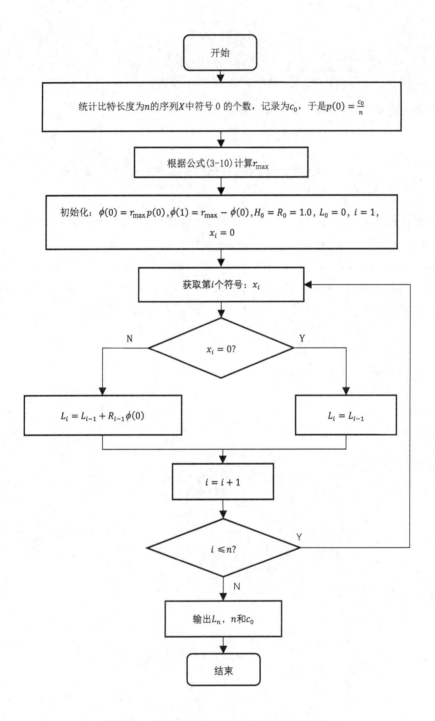

图 3-1　加权概率模型压缩算法编码流程图

3.3.2 译码流程图

译码流程图如图 3-2 所示。

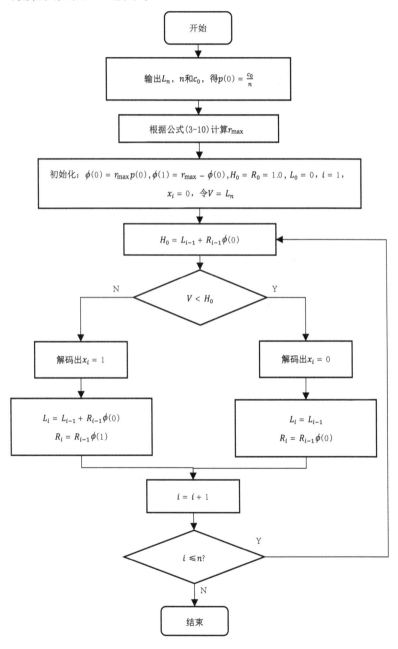

图 3-2 加权概率模型压缩算法译码流程图

3.3.3 C/C++ 源码

文件名：WJLCoderDefine.h

```
typedef enum
{
  KEEPBACK_NULL=0, // 前面无符号
  KEEPBACK_ONE, // 前面有符号 1
}KEEPBACK_SYMBOL;
// 区间编码结构体
typedef struct
{
  unsigned int RC_SHIFT_BITS; // 低位移去位长
  unsigned int RC_MAX_RANGE; // 区间范围最大值
  unsigned int RC_MIN_RANGE; // 区间范围最小值
    // 区间：c,（d,n）,[L" ,H]
  unsigned int FLow;        // 当前概率区间的下沿（L"）
  unsigned int FRange;       // 当前概率区间长度（R）
  unsigned int FDigits;     // 延迟数字（d）
  unsigned int Values;      // 编码后的二进制值（V）
  unsigned int FFollow;      // 延迟数字个数（n）
  const unsigned char *in_buff; // 输入待编码的字节缓存
  unsigned int in_buff_rest;   // in_buff 对应的数组下标
  unsigned char *out_buff;     // 输出缓存首地址指针
  unsigned int out_buff_loop;  // 输出缓存的数组下标
  unsigned char mask;        // 每 8 bit 组合成 1 byte
  unsigned char outByte;      // 当前解码出的字节
  double dzerochange;      // 符号 0 的概率
  double donechange;       // 符号 1 的概率
  KEEPBACK_SYMBOL keepBackSymbol;
  unsigned int unSerialZeroCount; // 符号 0 出现前符号 1 对应的个数
}WJLCoder;
extern unsigned char CntOfOneSymbol[256];
extern unsigned char bitOfByteTable[256][8];
```

#define SERIALZERO_COUNT　6　// 连续 6 个符号 1 后增加一个符号 0

```c
#include "WJLCoderDefine.h"
#include "WJLEncodeCore.h"
#include "WJLDecodeCore.h"
#include "string.h"
#include "math.h"
// 每个字节对应的符号 1 的个数，方便统计概率
unsigned char CntOfOneSymbol[256]=
{
    0x00,0x01,0x01,0x02,0x01,0x02,0x02,0x03,0x01,0x02,0x02,0x03,0x02,0x03,
0x03,0x04,
    0x01,0x02,0x02,0x03,0x02,0x03,0x03,0x04,0x02,0x03,0x03,0x04,0x03,0x04,
0x04,0x05,
    0x01,0x02,0x02,0x03,0x02,0x03,0x03,0x04,0x02,0x03,0x03,0x04,0x03,0x04,
0x04,0x05,
    0x02,0x03,0x03,0x04,0x03,0x04,0x04,0x05,0x03,0x04,0x04,0x05,0x04,0x05,
0x05,0x06,
    0x01,0x02,0x02,0x03,0x02,0x03,0x03,0x04,0x02,0x03,0x03,0x04,0x03,0x04,
0x04,0x05,
    0x02,0x03,0x03,0x04,0x03,0x04,0x04,0x05,0x03,0x04,0x04,0x05,0x04,0x05,
0x05,0x06,
    0x02,0x03,0x03,0x04,0x03,0x04,0x04,0x05,0x03,0x04,0x04,0x05,0x04,0x05,
0x05,0x06,
    0x03,0x04,0x04,0x05,0x04,0x05,0x05,0x06,0x04,0x05,0x05,0x06,0x05,0x06,
0x06,0x07,
    0x01,0x02,0x02,0x03,0x02,0x03,0x03,0x04,0x02,0x03,0x03,0x04,0x03,0x04,
0x04,0x05,
    0x02,0x03,0x03,0x04,0x03,0x04,0x04,0x05,0x03,0x04,0x04,0x05,0x04,0x05,
0x05,0x06,
    0x02,0x03,0x03,0x04,0x03,0x04,0x04,0x05,0x03,0x04,0x04,0x05,0x04,0x05,
0x05,0x06,
```

0x03,0x04,0x04,0x05,0x04,0x05,0x05,0x06,0x04,0x05,0x05,0x06,0x05,0x06,
0x06,0x07,

0x02,0x03,0x03,0x04,0x03,0x04,0x04,0x05,0x03,0x04,0x04,0x05,0x04,0x05,
0x05,0x06,

0x03,0x04,0x04,0x05,0x04,0x05,0x05,0x06,0x04,0x05,0x05,0x06,0x05,0x06,
0x06,0x07,

0x03,0x04,0x04,0x05,0x04,0x05,0x05,0x06,0x04,0x05,0x05,0x06,0x05,0x06,
0x06,0x07,

0x04,0x05,0x05,0x06,0x05,0x06,0x06,0x07,0x05,0x06,0x06,0x07,0x06,0x07,
0x07,0x08

};

// 每个字节对应的位表

unsigned char bitOfByteTable[256][8]=

{

{0,0,0,0,0,0,0,0},{0,0,0,0,0,0,0,1},{0,0,0,0,0,0,1,0},{0,0,0,0,0,0,1,1},{0,0,0,0,
0,1,0,0},{0,0,0,0,0,1,0,1},{0,0,0,0,0,1,1,0},{0,0,0,0,0,1,1,1},   //0 ～ 7

{0,0,0,0,1,0,0,0},{0,0,0,0,1,0,0,1},{0,0,0,0,1,0,1,0},{0,0,0,0,1,0,1,1},{0,0,0,0,
1,1,0,0},{0,0,0,0,1,1,0,1},{0,0,0,0,1,1,1,0},{0,0,0,0,1,1,1,1},   //8 ～ 15

{0,0,0,1,0,0,0,0},{0,0,0,1,0,0,0,1},{0,0,0,1,0,0,1,0},{0,0,0,1,0,0,1,1},{0,0,0,1,
0,1,0,0},{0,0,0,1,0,1,0,1},{0,0,0,1,0,1,1,0},{0,0,0,1,0,1,1,1},   //16 ～ 23

{0,0,0,1,1,0,0,0},{0,0,0,1,1,0,0,1},{0,0,0,1,1,0,1,0},{0,0,0,1,1,0,1,1},{0,0,0,1,
1,1,0,0},{0,0,0,1,1,1,0,1},{0,0,0,1,1,1,1,0},{0,0,0,1,1,1,1,1},   //24~31

{0,0,1,0,0,0,0,0},{0,0,1,0,0,0,0,1},{0,0,1,0,0,0,1,0},{0,0,1,0,0,0,1,1},{0,0,1,0,
0,1,0,0},{0,0,1,0,0,1,0,1},{0,0,1,0,0,1,1,0},{0,0,1,0,0,1,1,1},   //32 ～ 39

{0,0,1,0,1,0,0,0},{0,0,1,0,1,0,0,1},{0,0,1,0,1,0,1,0},{0,0,1,0,1,0,1,1},{0,0,1,0,
1,1,0,0},{0,0,1,0,1,1,0,1},{0,0,1,0,1,1,1,0},{0,0,1,0,1,1,1,1},   //40 ～ 47

{0,0,1,1,0,0,0,0},{0,0,1,1,0,0,0,1},{0,0,1,1,0,0,1,0},{0,0,1,1,0,0,1,1},{0,0,1,1,
0,1,0,0},{0,0,1,1,0,1,0,1},{0,0,1,1,0,1,1,0},{0,0,1,1,0,1,1,1},   //48 ～ 55

{0,0,1,1,1,0,0,0},{0,0,1,1,1,0,0,1},{0,0,1,1,1,0,1,0},{0,0,1,1,1,0,1,1},{0,0,1,1,
1,1,0,0},{0,0,1,1,1,1,0,1},{0,0,1,1,1,1,1,0},{0,0,1,1,1,1,1,1},   //56 ～ 63

{0,1,0,0,0,0,0,0},{0,1,0,0,0,0,0,1},{0,1,0,0,0,0,1,0},{0,1,0,0,0,0,1,1},{0,1,0,0,
0,1,0,0},{0,1,0,0,0,1,0,1},{0,1,0,0,0,1,1,0},{0,1,0,0,0,1,1,1},   //64 ～ 71

{0,1,0,0,1,0,0,0},{0,1,0,0,1,0,0,1},{0,1,0,0,1,0,1,0},{0,1,0,0,1,0,1,1},{0,1,0,0,1,1,0,0},{0,1,0,0,1,1,0,1},{0,1,0,0,1,1,1,0},{0,1,0,0,1,1,1,1},   //72～79

{0,1,0,1,0,0,0,0},{0,1,0,1,0,0,0,1},{0,1,0,1,0,0,1,0},{0,1,0,1,0,0,1,1},{0,1,0,1,0,1,0,0},{0,1,0,1,0,1,0,1},{0,1,0,1,0,1,1,0},{0,1,0,1,0,1,1,1},   //80～87

{0,1,0,1,1,0,0,0},{0,1,0,1,1,0,0,1},{0,1,0,1,1,0,1,0},{0,1,0,1,1,0,1,1},{0,1,0,1,1,1,0,0},{0,1,0,1,1,1,0,1},{0,1,0,1,1,1,1,0},{0,1,0,1,1,1,1,1},   //88～95

{0,1,1,0,0,0,0,0},{0,1,1,0,0,0,0,1},{0,1,1,0,0,0,1,0},{0,1,1,0,0,0,1,1},{0,1,1,0,0,1,0,0},{0,1,1,0,0,1,0,1},{0,1,1,0,0,1,1,0},{0,1,1,0,0,1,1,1},   //96～103

{0,1,1,0,1,0,0,0},{0,1,1,0,1,0,0,1},{0,1,1,0,1,0,1,0},{0,1,1,0,1,0,1,1},{0,1,1,0,1,1,0,0},{0,1,1,0,1,1,0,1},{0,1,1,0,1,1,1,0},{0,1,1,0,1,1,1,1},   //104～111

{0,1,1,1,0,0,0,0},{0,1,1,1,0,0,0,1},{0,1,1,1,0,0,1,0},{0,1,1,1,0,0,1,1},{0,1,1,1,0,1,0,0},{0,1,1,1,0,1,0,1},{0,1,1,1,0,1,1,0},{0,1,1,1,0,1,1,1},   //112～119

{0,1,1,1,1,0,0,0},{0,1,1,1,1,0,0,1},{0,1,1,1,1,0,1,0},{0,1,1,1,1,0,1,1},{0,1,1,1,1,1,0,0},{0,1,1,1,1,1,0,1},{0,1,1,1,1,1,1,0},{0,1,1,1,1,1,1,1},   //120～127

{1,0,0,0,0,0,0,0},{1,0,0,0,0,0,0,1},{1,0,0,0,0,0,1,0},{1,0,0,0,0,0,1,1},{1,0,0,0,0,1,0,0},{1,0,0,0,0,1,0,1},{1,0,0,0,0,1,1,0},{1,0,0,0,0,1,1,1},   //128～135

{1,0,0,0,1,0,0,0},{1,0,0,0,1,0,0,1},{1,0,0,0,1,0,1,0},{1,0,0,0,1,0,1,1},{1,0,0,0,1,1,0,0},{1,0,0,0,1,1,0,1},{1,0,0,0,1,1,1,0},{1,0,0,0,1,1,1,1},   //136～143

{1,0,0,1,0,0,0,0},{1,0,0,1,0,0,0,1},{1,0,0,1,0,0,1,0},{1,0,0,1,0,0,1,1},{1,0,0,1,0,1,0,0},{1,0,0,1,0,1,0,1},{1,0,0,1,0,1,1,0},{1,0,0,1,0,1,1,1},   //144～151

{1,0,0,1,1,0,0,0},{1,0,0,1,1,0,0,1},{1,0,0,1,1,0,1,0},{1,0,0,1,1,0,1,1},{1,0,0,1,1,1,0,0},{1,0,0,1,1,1,0,1},{1,0,0,1,1,1,1,0},{1,0,0,1,1,1,1,1},   //152～159

{1,0,1,0,0,0,0,0},{1,0,1,0,0,0,0,1},{1,0,1,0,0,0,1,0},{1,0,1,0,0,0,1,1},{1,0,1,0,0,1,0,0},{1,0,1,0,0,1,0,1},{1,0,1,0,0,1,1,0},{1,0,1,0,0,1,1,1},   //160～167

{1,0,1,0,1,0,0,0},{1,0,1,0,1,0,0,1},{1,0,1,0,1,0,1,0},{1,0,1,0,1,0,1,1},{1,0,1,0,1,1,0,0},{1,0,1,0,1,1,0,1},{1,0,1,0,1,1,1,0},{1,0,1,0,1,1,1,1},   //168～175

{1,0,1,1,0,0,0,0},{1,0,1,1,0,0,0,1},{1,0,1,1,0,0,1,0},{1,0,1,1,0,0,1,1},{1,0,1,1,0,1,0,0},{1,0,1,1,0,1,0,1},{1,0,1,1,0,1,1,0},{1,0,1,1,0,1,1,1},   //176～183

{1,0,1,1,1,0,0,0},{1,0,1,1,1,0,0,1},{1,0,1,1,1,0,1,0},{1,0,1,1,1,0,1,1},{1,0,1,1,1,1,0,0},{1,0,1,1,1,1,0,1},{1,0,1,1,1,1,1,0},{1,0,1,1,1,1,1,1},   //184～191

{1,1,0,0,0,0,0,0},{1,1,0,0,0,0,0,1},{1,1,0,0,0,0,1,0},{1,1,0,0,0,0,1,1},{1,1,0,0,0,1,0,0},{1,1,0,0,0,1,0,1},{1,1,0,0,0,1,1,0},{1,1,0,0,0,1,1,1},   //192～199

{1,1,0,0,1,0,0,0},{1,1,0,0,1,0,0,1},{1,1,0,0,1,0,1,0},{1,1,0,0,1,0,1,1},{1,1,0,0, 1,1,0,0},{1,1,0,0,1,1,0,1},{1,1,0,0,1,1,1,0},{1,1,0,0,1,1,1,1},　//200 ～ 207

{1,1,0,1,0,0,0,0},{1,1,0,1,0,0,0,1},{1,1,0,1,0,0,1,0},{1,1,0,1,0,0,1,1},{1,1,0,1, 0,1,0,0},{1,1,0,1,0,1,0,1},{1,1,0,1,0,1,1,0},{1,1,0,1,0,1,1,1},　//208 ～ 215

{1,1,0,1,1,0,0,0},{1,1,0,1,1,0,0,1},{1,1,0,1,1,0,1,0},{1,1,0,1,1,0,1,1},{1,1,0,1, 1,1,0,0},{1,1,0,1,1,1,0,1},{1,1,0,1,1,1,1,0},{1,1,0,1,1,1,1,1},　//216 ～ 223

{1,1,1,0,0,0,0,0},{1,1,1,0,0,0,0,1},{1,1,1,0,0,0,1,0},{1,1,1,0,0,0,1,1},{1,1,1,0, 0,1,0,0},{1,1,1,0,0,1,0,1},{1,1,1,0,0,1,1,0},{1,1,1,0,0,1,1,1},　//224 ～ 231

{1,1,1,0,1,0,0,0},{1,1,1,0,1,0,0,1},{1,1,1,0,1,0,1,0},{1,1,1,0,1,0,1,1},{1,1,1,0, 1,1,0,0},{1,1,1,0,1,1,0,1},{1,1,1,0,1,1,1,0},{1,1,1,0,1,1,1,1},　//232 ～ 239

{1,1,1,1,0,0,0,0},{1,1,1,1,0,0,0,1},{1,1,1,1,0,0,1,0},{1,1,1,1,0,0,1,1},{1,1,1,1, 0,1,0,0},{1,1,1,1,0,1,0,1},{1,1,1,1,0,1,1,0},{1,1,1,1,0,1,1,1},　//240 ～ 247

{1,1,1,1,1,0,0,0},{1,1,1,1,1,0,0,1},{1,1,1,1,1,0,1,0},{1,1,1,1,1,0,1,1},{1,1,1,1, 1,1,0,0},{1,1,1,1,1,1,0,1},{1,1,1,1,1,1,1,0},{1,1,1,1,1,1,1,1}　　　//248 ～ 255

```
};
// 统计符号 1 的概率
void GetOneChange(unsigned char *ucInBuffer,const unsigned int*unInbufferLen,
double *dOneChange)
{
    unsigned int i,j,unOneCount=0,unZeroCount=0,unSerialZeroCount=0;
    unsigned char ucSymbol;
    for (i=0;i<*unInbufferLen;++i){
        for (j=0;j<8;j++){
            ucSymbol = bitOfByteTable[ucInBuffer[i]][j];
            unZeroCount ++;
            if (0x00 == ucSymbol){
                unSerialZeroCount ++;
                if (unSerialZeroCount == SERIALZERO_COUNT){
                    unOneCount ++;
                    unZeroCount ++;
                    unSerialZeroCount = 1;
                }
            }else{
```

```
            unOneCount ++;
            unSerialZeroCount = 1;
        }
      }
    }
    *dOneChange = unOneCount*1.0/(unOneCount+unZeroCount);
}
// 获取杰林码系数
void GetRatio(const double *dOneChange,double *dRatio)
{
    double dZeroChange = 1 − *dOneChange;
    *dRatio=(sqrt(4*dZeroChange−3*pow(dZeroChange,2))−dZeroChange)/(2*
dZeroChange−2*pow(dZeroChange,2)) − 0.00001;
}
// 针对缓存编写无损编码函数，返回编码后字节的缓存首地址和缓存长度
unOutbufferLen
unsigned char *LossLess_Standard_Encode(unsigned char *ucInBuffer,const
unsigned int *unInbufferLen,unsigned int *unOutbufferLen)
{
    WJLCoder wjlCoder;
    unsigned int i,j,unSerialZeroCount=0;
    unsigned char ucSymbol,*ucFinalBuffer;
    double donechange,dratio;
    if (NULL == ucInBuffer || NULL == unInbufferLen){
        return NULL;
    }
    GetOneChange(ucInBuffer,unInbufferLen,&donechange);
    GetRatio(&donechange,&dratio);
    WJL_Encode_Init(&wjlCoder,ucInBuffer,unInbufferLen,&donechange,&dr
atio);
    // 编码每个字节
    for (i=0;i<*unInbufferLen;++i){
        for (j=0;j<8;j++){
```

```
            ucSymbol = bitOfByteTable[ucInBuffer[i]][j];
            WJL_Encode_UpdateRange(&wjlCoder,&ucSymbol);
            if (0x00 == ucSymbol){
                unSerialZeroCount ++;
                if (SERIALZERO_COUNT == unSerialZeroCount){
                    ucSymbol = 0x01;
                    WJL_Encode_UpdateRange(&wjlCoder,&ucSymbol);
                    ucSymbol = 0x00;
                    WJL_Encode_UpdateRange(&wjlCoder,&ucSymbol);
                    unSerialZeroCount = 1;
                }
            }else{
                ucSymbol = 0x00;
                WJL_Encode_UpdateRange(&wjlCoder,&ucSymbol);
                unSerialZeroCount = 1;
            }
        }
    }
    WJL_Encode_End(&wjlCoder);
    *unOutbufferLen=wjlCoder.out_buff_loop+sizeof(unsigned int)+2*sizeof
(double);
    ucFinalBuffer = (unsigned char*)malloc(*unOutbufferLen);
    memcpy(ucFinalBuffer,unInbufferLen,sizeof(unsigned int));
    memcpy(ucFinalBuffer+sizeof(unsigned int),&donechange,sizeof(double));
    memcpy(ucFinalBuffer+sizeof(unsigned int)+sizeof(double),&dratio,sizeof(do
uble));
    memcpy(ucFinalBuffer+sizeof(unsigned int)+2*sizeof(double),wjlCoder.out_
buff,wjlCoder.out_buff_loop);
    free(wjlCoder.out_buff);
    return ucFinalBuffer;
}
// 针对缓存进行解压缩
```

```
unsigned char *LossLess_Standard_Decode(unsigned char *ucInBuffer,const
unsigned int *unInbufferLen,unsigned int *unOutbufferLen,unsigned int *unPosErr)
    {
        unsigned int unLen;
        double donechange,dratio;
        unsigned char symbol;
        WJLCoder wjlCoder;
        if (NULL == ucInBuffer || NULL == unInbufferLen){
            return NULL;
        }
        memcpy(unOutbufferLen,ucInBuffer,sizeof(unsigned int));
        memcpy(&donechange,ucInBuffer+sizeof(unsigned int),sizeof(double));
        memcpy(&dratio,ucInBuffer+sizeof(unsigned int)+sizeof(double),sizeof(doub
le));
        unLen = *unInbufferLen − sizeof(unsigned int) − 2*sizeof(double);
        WJL_Decode_Init(&wjlCoder,ucInBuffer+sizeof(unsigned int)+2*sizeof(doub
le),&unLen,unOutbufferLen,&donechange,&dratio);
        do{
            symbol = WJL_Decode_GetSymbol(&wjlCoder);
            if (0x03 == symbol){
                free(wjlCoder.out_buff);
                *unPosErr = *unInbufferLen − wjlCoder.in_buff_rest − 13;
                return NULL;
            }
            WJL_Decode_UpdateRange(&wjlCoder,&symbol);
        }while (wjlCoder.out_buff_loop < *unOutbufferLen);
        return wjlCoder.out_buff;
    }
```

文件名：WJLEncodeCore.h

```
#ifndef _WJLENCODECORE_H
#define _WJLENCODECORE_H
#include "WJLCoderDefine.h"
```

```
    void WJL_Encode_Init(WJLCoder *wjlCoder,const unsigned char *inbuff,const
unsigned int *inbufflen,const double *donechange,const double *dratio);
    void WJL_Encode_UpdateRange(WJLCoder *wjlCoder,const unsigned char
*symbol);
    void WJL_Encode_End(WJLCoder *wjlCoder);
    #endif
```

文件名：WJLEncodeCore.c

```
    void WJL_Encode_Init(WJLCoder *wjlCoder,const unsigned char *inbuff,const
unsigned int *inbufflen,const double *donechange,const double *dratio)
    {
    wjlCoder->RC_SHIFT_BITS = 23;
    wjlCoder->RC_MIN_RANGE = 1<<wjlCoder->RC_SHIFT_BITS;
    wjlCoder->RC_MAX_RANGE = 1<<31;
    wjlCoder->in_buff = inbuff;
    wjlCoder->out_buff_loop = 0;
    wjlCoder->out_buff = (unsigned char *)malloc(*inbufflen*2);
    wjlCoder->FLow = wjlCoder->RC_MAX_RANGE;
    wjlCoder->FRange = wjlCoder->RC_MAX_RANGE;
    wjlCoder->FDigits = 0;
    wjlCoder->FFollow = 0;
    // 加权概率
    wjlCoder->dzerochange = *dratio*(1 - *donechange);
    wjlCoder->donechange = *dratio*(*donechange);
    }
// 更新概率区间
    void WJL_Encode_UpdateRange(WJLCoder *wjlCoder,const unsigned char
*symbol)
    {
    unsigned int i,High;
    if (1 == *symbol){
        wjlCoder->FLow += (unsigned int)(wjlCoder->FRange*wjlCoder->dzerochange);
        wjlCoder->FRange *= wjlCoder->donechange;
```

```
    }else{
        wjlCoder->FRange *= wjlCoder->dzerochange;
    }
    if(wjlCoder->FRange<=wjlCoder->RC_MIN_RANGE){
        High = wjlCoder->FLow + wjlCoder->FRange-1;
        if(wjlCoder->FFollow!=0){
            if (High <= wjlCoder->RC_MAX_RANGE){
                wjlCoder->out_buff[wjlCoder->out_buff_loop++] = wjlCoder->FDigits;
                for (i = 1; i <= wjlCoder->FFollow - 1; i++){
                    wjlCoder->out_buff[wjlCoder->out_buff_loop++] = 0xFF;
                }
                wjlCoder->FFollow = 0;
                wjlCoder->FLow += wjlCoder->RC_MAX_RANGE;
            } else if (wjlCoder->FLow >= wjlCoder->RC_MAX_RANGE) {
                wjlCoder->out_buff[wjlCoder->out_buff_loop++] = wjlCoder->FDigits + 1;
                for (i = 1; i <= wjlCoder->FFollow - 1; i++)  {
                    wjlCoder->out_buff[wjlCoder->out_buff_loop++] = 0x00;
                }
                wjlCoder->FFollow = 0;
            } else{
                wjlCoder->FFollow++;
                wjlCoder->FLow = (wjlCoder->FLow << 8) & (wjlCoder->RC_MAX_RANGE - 1);
                wjlCoder->FRange <<= 8;
                return;
            }
        }
        if ((((wjlCoder->FLow^High) & (0xFF << wjlCoder->RC_SHIFT_BITS)) == 0){
            wjlCoder->out_buff[wjlCoder->out_buff_loop++] = wjlCoder->FLow>>wjlCoder->RC_SHIFT_BITS;
```

```
        }else{
            wjlCoder->FLow -= wjlCoder->RC_MAX_RANGE;
            wjlCoder->FDigits = wjlCoder->FLow >> wjlCoder->RC_SHIFT_
BITS;
            wjlCoder->FFollow = 1;
        }
        wjlCoder->FLow = (wjlCoder->FLow << 8) & (wjlCoder->RC_MAX_
RANGE - 1);
        wjlCoder->FRange <<= 8;
    }
}
// 结束编码
void WJL_Encode_End(WJLCoder *wjlCoder)
{
    unsigned int n = 0;
    if (wjlCoder->FFollow != 0) {
        if (wjlCoder->FLow < wjlCoder->RC_MAX_RANGE) {
            wjlCoder->out_buff[wjlCoder->out_buff_loop++] = wjlCoder-
>FDigits;
            for (n = 1; n <= wjlCoder->FFollow - 1; n++){
                wjlCoder->out_buff[wjlCoder->out_buff_loop++] = 0xFF;
            }
        }else{
            wjlCoder->out_buff[wjlCoder->out_buff_loop++] = wjlCoder->FDigits
+ 1;
            for (n = 1; n <= wjlCoder->FFollow - 1; n++){
                wjlCoder->out_buff[wjlCoder->out_buff_loop++] = 0x00;
            }
        }
    }
    wjlCoder->FLow = wjlCoder->FLow << 1;
    n = sizeof(unsigned int)*8;
    do{
```

```
    n -= 8;
    wjlCoder->out_buff[wjlCoder->out_buff_loop++] = wjlCoder->FLow
>> n;
    } while ( n > 0 );
}
```

文件名：WJLDecodeCore.h

```
#ifndef _WJLDECODECORE_H
#define _WJLDECODECORE_H
#include "WJLCoderDefine.h"
void WJL_Decode_Init(WJLCoder *wjlCoder,const unsigned char
*inbuff,const unsigned int *inbufflen,const unsigned int *outbufflen,const double
*donechange,const double *dratio);
    unsigned char WJL_Decode_GetSymbol(WJLCoder *wjlCoder);
    void WJL_Decode_UpdateRange(WJLCoder *wjlCoder,const unsigned char
*symbol);
    #endif
```

文件名：WJLDecodeCore.h

```
#include "WJLDecodeCore.h"
void WJL_Decode_Init(WJLCoder *wjlCoder,const unsigned char
*inbuff,const unsigned int *inbufflen,const unsigned int *outbufflen,const double
*donechange,const double *dratio)
{
    int n = sizeof(unsigned int)*8;
    wjlCoder->RC_SHIFT_BITS = 23;
    wjlCoder->RC_MIN_RANGE = 1<<wjlCoder->RC_SHIFT_BITS;
    wjlCoder->RC_MAX_RANGE = 1<<31;
    wjlCoder->out_buff = (unsigned char*)malloc(*outbufflen);
    wjlCoder->out_buff_loop = 0;
    wjlCoder->in_buff = inbuff;
    wjlCoder->in_buff_rest = *inbufflen;
    wjlCoder->FLow = 0;
    wjlCoder->FRange = wjlCoder->RC_MAX_RANGE;
    wjlCoder->Values = 0;
```

```
    do{
        n -= 8;
        wjlCoder->Values = (wjlCoder->Values << 8) | *wjlCoder->in_buff;
        wjlCoder->in_buff++;
        wjlCoder->in_buff_rest--;
    } while ( n > 0 );
    wjlCoder->mask = 0x01;
    wjlCoder->outByte = 0x00;
        // 加权概率
    wjlCoder->dzerochange = *dratio*(1 - *donechange);
    wjlCoder->donechange = *dratio*(*donechange);
    wjlCoder->keepBackSymbol = KEEPBACK_NULL;
    wjlCoder->unSerialZeroCount = 0;
}
// 解码出 1 bit
unsigned char WJL_Decode_GetSymbol(WJLCoder *wjlCoder)
{
    unsigned char symbol;
    unsigned int H0 = wjlCoder->FLow,values = wjlCoder->Values >> 1;
    if (values < wjlCoder->FLow){
        values += wjlCoder->RC_MAX_RANGE;
    }
        // 获取符号 0 对应的区间上标
    H0 += (unsigned int)(wjlCoder->FRange*wjlCoder->dzerochange);
        // 当 values < H0 则解码出符号 0，如果 values >= H0 则解码出符号 1
    symbol = values < H0 ? 0:1;
        // 将位组合成字节
    if (NULL == wjlCoder->keepBackSymbol){
        if (0x00 == symbol){
            wjlCoder->unSerialZeroCount ++;
            if (SERIALZERO_COUNT+1 == wjlCoder->unSerialZeroCount){
                return 0x03;
            }
```

```
                wjlCoder->outByte <<= 1;
                wjlCoder->mask <<= 1;
                if (wjlCoder->mask == 0){
                    wjlCoder->out_buff[wjlCoder->out_buff_loop++] = wjlCoder-
>outByte;

                    wjlCoder->outByte = 0x00;
                    wjlCoder->mask = 0x01;

                }
                wjlCoder->keepBackSymbol = KEEPBACK_NULL;

            }
        else
            {
                if (wjlCoder->unSerialZeroCount < SERIALZERO_COUNT)
                {
                    wjlCoder->unSerialZeroCount = 0;
                }
                wjlCoder->keepBackSymbol = KEEPBACK_ONE;

            }
        }else if (0x00 == symbol){
            if (wjlCoder->unSerialZeroCount < SERIALZERO_COUNT){
                wjlCoder->outByte <<= 1;
                wjlCoder->outByte |= 0x01;
                wjlCoder->mask <<= 1;
                if (wjlCoder->mask == 0){
                    wjlCoder->out_buff[wjlCoder->out_buff_loop++] = wjlCoder-
>outByte;

                    wjlCoder->outByte = 0x00;
                    wjlCoder->mask = 0x01;

                }
            }
            wjlCoder->unSerialZeroCount = 1;
            wjlCoder->keepBackSymbol = KEEPBACK_NULL;

        }else{
```

```
        return 0x03;
    }
    return symbol;
}
// 更新概率区间
void WJL_Decode_UpdateRange(WJLCoder *wjlCoder,const unsigned char
*symbol)
    {
    if (1 == *symbol){
        wjlCoder->FLow += (unsigned int)(wjlCoder->FRange*wjlCoder-
>dzerochange);
        wjlCoder->FRange *= wjlCoder->donechange;
    }else{
        wjlCoder->FRange *= wjlCoder->dzerochange;
    }
    if (wjlCoder->FRange <= wjlCoder->RC_MIN_RANGE){
        wjlCoder->FLow = (wjlCoder->FLow << 8) & (wjlCoder->RC_MAX_
RANGE - 1);
        wjlCoder->FRange <<= 8;
        if (wjlCoder->in_buff_rest > 0){
            wjlCoder->Values = (wjlCoder->Values << 8) | *wjlCoder->in_
buff++;
            wjlCoder->in_buff_rest --;
        }
    }
}
```

3.4   行业应用及优势

常用的无损压缩算法（又被称为熵编码）有哈夫曼编码、字典编码、行程编码、算术编码等。无损压缩可以保证每个字节能被准确还原，用最少的数据量存储或传输完整信息，在存储、通讯领域具有重要作用。字典编码和行程编码效率高，被广泛应用于 Zip、RAR 等文件格式的解压缩工具中；哈夫曼编码主要用于 JPG、文档压缩等标准中；算术编码（如 CABAC）主要应用于 H.264、H.265/HEVC 等视频标准中。

3.4.1　视频监控

目前监控公司所采用的还是 H.264、H.265/HEVC 等国外标准，甚至直接采购国外视频编解码芯片，仅做上层系统集成。而视频编解码的核心就是图像视频的压缩解压算法。目前评估一个图像视频压缩算法最主要看两点：①同一个压缩比下，比较视觉效果（PSNR 值）；②同一个视觉效果（PSNR 值）下，比较压缩比。提高压缩比的同时保证视觉效果是图像视频压缩算法的一个痛点与难点。

3.4.2　多媒体、流媒体

多媒体包括 CD/VCD/DVD 等材料和设备，电视机、机顶盒等家庭设备。流媒体包括各种在线直播、播报、广播等产业，这些产业的基础技术就是图像视频音频的压缩和解压算法。

本章提供了一种全新的编码方法，属于随机编码。通过调整概率模型能实现近熵无损压缩。

3.5　章结

本章给出了加权概率模型无损压缩和有损压缩的方法，且给出了相对简单的实现方法。值得关注的是，处理方法合理则可使压缩比大于常规编码方法，如何选择最优的处理方法将是后续研究的重点。

第 4 章　加权模型的检错纠错算法

为了构造逼近信道容量的编码方法，专家学者付出了不懈努力。Arikan 提出了极化码（Polar Code）。极化码是基于信道极化现象的编码方法，是一种被严格证明在码长趋近于无限时能够达到信道容量的编码方法。LDPC 码、Turbo 码也逼近香农极限。我国在信道编码基础理论创新领域上还处于空白状态。本章以 bit 为单位构造一种简单易实现的线性信道编译码方法，区别于极化码、LDPC 码和 Turbo 码等现有编码，是对基础编码理论的创新。文中给出了理论证明过程，得出该方法可使 DMC 传输速率达到信息容量，且平均译码错误概率趋近于 0，符合"好码"条件。未来可用于构造我国自主可控的通信应用技术和标准。本方法由两部分组成。

首先，构造二进制信源序列线性处理方法，简称信源处理。信源处理使二进制序列具备错误校验条件。信源处理方法有很多，因添加冗余信息量的不同，具有不同的译码错误概率。

然后，构造加权概率模型线性编码算法，发送端将信源处理后的序列经加权概率模型以 bit 为单位编码。接收端通过加权概率模型线性译码，译码时进行错误校验。发现错误后前向纠错或重新传输。信源处理方法不同，加权概率模型编码码率不同。

4.1　信源处理

发送端和接收端约定的长度为 n bit。发送端由信源生成长度为 $n(n=1,2,\cdots)$ 的二进制伯努利序列 X。线性地将 X 中的"1"替换为"101"且将"0"替换为"01"得到序列 Q。类似的方法有很多，比如线性地将 X 中的"1"替换为"10"得到序列 Q；又如线性地将 X 中的"011"替换为"0110"得到序列 Q。显然序列 Q 呈现如下形态特征。

"序列中连续符号 0 的个数最多为 s，且连续符号 1 的个数最多为 t"（4-1）

将成对出现的 $s \in N^*$ 和 $t \in N^*$ 记为 (s,t)，（4-1）是数据错误校验的判断依据。因 (s,t) 不同，序列中的冗余信息量也不同。下面分析 $(s \to \infty, t=1)$ 和 $(s=1, t=2)$ 的平均译码错误概率，记为 P_{err}。

4.1.1　$(s \to \infty, t=1)$

根据 $(s \to \infty, t=1)$，序列 Q 需要满足以下条件：

"连续符号 1 的个数最多为 1"　　　　　　　（4-2）

序列 X 存在所有可能性。因无法确定序列 X 满足（4-2），所以任意序列 X 均需要进行线性处理，即

"将序列 X 中 '1' 替换为 '10'"　　　　　　（4-3）

处理后得序列 Q，Q 必然满足（4-2）。例如，X 为 0110111100101，根据（4-3）可得序列 Q 为 0101001010101000010010。从左至右，将序列 Q 中 "10" 替换为 "1" 可得序列 X。（4-3）为信源处理方法。

序列 Q（长度记为 l，$l \ge n$）通过 DMC 传输，Y 为接收到的二进制序列。用事件 E 表示满足（4-2）的序列 Y 的集合，事件 E 有 $f(s \to \infty, t=1, i=l)$ 个序列 Y。

当 $l=1$ 时，$E=(0,1)$，$f(s \to \infty, t=1, i=1)=2$，互补事件 $\overline{E}=\Phi$。

当 $l=2$ 时，$E=(00,01,10)$，$f(s \to \infty, t=1, i=2)=3$，$\overline{E}=(11)$。

当 $l=3$ 时，$E=(000,001,010,100,101)$，$f(s \to \infty, t=1, i=3)=5$，$\overline{E}=(011,110,111)$。

类推可得，当 $l \ge 3$ 时，

$$f(s \to \infty, t=1, i=n) = f(s \to \infty, t=1, i=n-1) + f(s \to \infty, t=1, i=n-2)$$

（4-4）

可得事件 E 的概率为

$$P(E) = \frac{f(s \to \infty, t=1, i=l)}{2^l}$$

（4-5）

令事件 E 中 $f(s \to \infty, t=1, i=l)$ 个序列 Y 服从均匀分布，则

$$P(Y=Q) = \frac{1}{f(s \to \infty, t=1, i=l)}$$

$$P(Y \ne Q) = \frac{f(s \to \infty, t=1, i=l)-1}{f(s \to \infty, t=1, i=l)}$$

（4-6）

于是，$Y \in E$ 且 $Y \ne Q$ 的概率为

$$P(Y \neq Q \mid Y \in E) = P(E)P(Y \neq Q) = \frac{f(s \to \infty, t=1, i=l)-1}{2^l} \qquad (4-7)$$

$P(Y \neq Q \mid Y \in E)$ 为平均译码错误概率，记为 $P(s \to \infty, t=1, i=l)$。于是 $P_{err} = P(s \to \infty, t=1, i=l)$。

定理 4.1　序列 Y 满足（4-1）且 $(s \to \infty, t=1)$，$\lim_{l \to \infty} P(s \to \infty, t=1, i=l) = 0$。

证明　$l \to \infty$，$P(Y \neq Q) \to 1$，$P(Y \neq Q \mid Y \in E) \to P(E)$。根据斐波那契数列，令 $F(0)=0$，$F(1)=1$，且当 $l \geq 2$，$l \in N^*$ 时 $F(l)=F(l-1)+F(l-2)$。于是，当 $l \geq 1$，$l \in N^*$ 时，$f(s \to \infty, t=1, i=l) = F(l) + F(l+1)$。由斐波那契数列通项式得

$$f(s \to \infty, t=1, i=l) = \frac{1}{\sqrt{5}} \left(\left[\left(\frac{1+\sqrt{5}}{2}\right)^l - \left(\frac{1-\sqrt{5}}{2}\right)^l \right] + \left[\left(\frac{1+\sqrt{5}}{2}\right)^{l+1} - \left(\frac{1-\sqrt{5}}{2}\right)^{l+1} \right] \right)$$

可得

$$P(B) = \frac{1}{\sqrt{5}} \left(\left[\left(\frac{1+\sqrt{5}}{4}\right)^l - \left(\frac{1-\sqrt{5}}{4}\right)^l \right] + \left[\left(\frac{1+\sqrt{5}}{4}\right)^{l+1} - \left(\frac{1-\sqrt{5}}{4}\right)^{l+1} \right] \right)$$

因为 $\frac{1+\sqrt{5}}{4} < 1$，$\frac{1-\sqrt{5}}{4} < 1$，所以 $l \to \infty$ 时 $P(E) \to 0$，即 $P(s \to \infty, t=1, i=l)$ $= P(Y \neq Q \mid Y \in E) \to 0$。

4.1.2　$(s=1, t=2)$

根据 $(s=1, t=2)$，序列 Q 需要满足以下条件：

　　"序列中连续符号 0 的个数最多为 1，且连续符号 1 的个数最多为 2"

$$(4-8)$$

信源处理方法如下：

　　　　"将序列 X 中'1'替换为'101'且'0'替换为'01'"　　（4-9）

处理后得序列 Q，Q 必然满足（4-8）。例如 X 为 0110111100101，根据（4-9）可得 Q 为 01101101011011011011010110101101。信源处理可逆。

序列 Q（长度为 l，$l \geq n$）通过 DMC 传输。用事件 E 表示满足（4-8）的序列 Y 的集合，事件 E 有 $f(s=1, t=2, i=l)$ 个序列 Y。

当 $l=1$ 时，$E=(0,1)$，$f(s=1, t=2, i=1)=2$，互补事件为 $\bar{E}=\Phi$。

当 $l=2$ 时，$E=(01,10,11)$，$f(s=1, t=2, i=2)=3$，$\bar{E}=(00)$。

当 $n=3$ 时，$E=(010,101,011,110)$，$f(s=1, t=2, i=3)=4$，$\bar{E}=(000,001,100,111)$。

类推可得，当$n \geqslant 4$时，

$$f(s=1,t=2,i=n) = f(s=1,t=2,i=n-2) + f(s=1,t=2,i=n-3) \qquad （4-10）$$

于是

$$P(E) = \frac{f(s=1,t=1,i=l)}{2^l} \qquad （4-11）$$

$$P_{err} = P(s=1,t=1,i=l) = \frac{f(s=1,t=2,i=l)-1}{2^l} \qquad （4-12）$$

定理 4.2 序列Y满足（4-1）且$(s=1,t=2)$，$\lim\limits_{l\to\infty} P(s=1,t=1,i=l) = 0$。

证明 $f(s\to\infty,t=2,i=l)$和$f(s=1,t=2,i=l)$单调递增，且$f(s=1,t=2,i=l)$
$\leqslant f(s\to\infty,t=2,i=l)$，即$\dfrac{f(s=1,t=2,i=l)-1}{2^l} \leqslant \dfrac{f(s\to\infty,t=1,i=l)-1}{2^l}$。根据定理
2.1，$l\to\infty$时$\dfrac{f(s\to\infty,t=1,i=l)-1}{2^l} \to 0$，所以$P(s=1,t=1,i=l)\to 0$。

4.1.3 译码错误校验方法分析

假设存在以 bit 为单位的编译码方法，序列Q编码后得到二进制序列V，V通过 DMC 传输，U为接收到的二进制序列。接收端通过U译码出二进制序列Y。因信源序列X已知且其长度为n，当(s,t)确定，序列Q的长度l确定，所以P_{err}的表达式也确定。

于是，设定n使编译码方法具有不同的平均译码错误概率。根据定理 4.1 和 4.2，n和(s,t)已知，通过公式（4-5）和公式（4-11）可得$P(E)$。因接收端只能通过序列U译码得到序列Y，所以译码错误校验方法如下所示：

（1）$Y \in \bar{E} \to U \neq V, Y \neq Q$；

（2）$Y \in E \to \lim\limits_{n\to\infty} P(Y \neq Q \mid Y \in E) = 0$，$U = V$，$Y = Q$。

显然，当码长足够长时，$Y \in \bar{E}$则U错误；$Y \in E$时译码正确。由表 4-1 可得，当码长相同时，$P(s=1,t=1,i=l) < P(s\to\infty,t=1,i=l)$，$(s=1,t=1)$具有更低的译码错误概率。可在不同的信道环境下使用不同的(s,t)或n。

表4-1 设定序列*Y*的长度，计算平均译码错误概率

l/bit	$P(s \to \infty, t=1, i=l)$	$P(s=1, t=1, i=l)$
32	$1.327\,807 \times 10^{-3}$	$3.161\,84 \times 10^{-6}$
64	$1.505\,84 \times 10^{-6}$	$5.956\,1 \times 10^{-12}$
112	$5.751\,04 \times 10^{-11}$	$1.539\,74 \times 10^{-20}$
256	$3.203\,67 \times 10^{-24}$	$2.660\,11 \times 10^{-46}$

4.2 加权概率模型编译码方法

因序列*Q*中符号的概率已知，且当前符号的状态与相邻有限个符号的状态有关，能否使用马尔可夫链或条件概率模型构造编译码方法呢？

以$(s \to \infty, t=2)$为例，设序列*Q*为011001000011010，序列*Q*由"0""10"和"110"组成。基于马尔可夫链或条件概率分析，符号0存在三种概率质量函数，分别为$p(0|0)$，$p(0|1)$，$p(0|1,1)$。符号1存在两种概率质量函数，分别为$p(1|0)$和$p(1|1)$。发送端线性编码时，因为序列*Q*已知，所以每个符号使用的概率质量函数均能被准确选择。但接收端线性译码时无法准确选择概率质量函数。比如，已经译码出"0"，因符号0存在三种概率质量函数，无法正确选择译码下一个符号的概率质量函数。同理，符号1也无法正确选择概率质量函数。当已经译码出"011"，因"011"后必然是符号0，所以存在唯一的选择，即$p(0|1,1)$。因概率质量函数不唯一，所以采用马尔可夫链或条件概率模型构造信道编译码方法不可行，可构建信源编码方法。

以$(s \to \infty, t=1)$为例，设序列*Q*为010100101010100010010。传统信源编码方法如下：从左至右，将序列*Q*中"10"替换为"1"可得序列*X*0110111100101，然后对序列*X*进行编码从而逼近$H(X)$（信息熵）。但是，传统信源编码方法在译码时无法进行错误校验。若对序列*Q*进行编码，因增加了冗余信息，所以$H(Q)>H(X)$，无法逼近$H(X)$。

设存在函数$\phi(p(x),r)=rp(x)$。$p(x)$为符号*x*的概率。*r*表征序列*Q*的形态特征，被称为权系数。$\phi(p(x),r)$被称为加权概率质量函数，下面基于$\phi(p(x),r)$构造编译码方法。

4.2.1　加权概率模型编码

定义 4.1　设离散随机变量X，$X \in \{0,1\}$，$P\{X=a\} = p(a)(a \in \{0,1\})$，加权概率质量函数为$\phi(a) = rP\{X=a\} = rp(a)$，$p(a)$为概率质量函数，$0 \leqslant p(a) \leqslant 1$，$r$为权系数，且

$$F(a) = \sum_{i \leqslant a} p(i) \tag{4-13}$$

若$F(a,r)$满足$F(a,r) = rF(a)$，则称$F(a,r)$为加权累积分布函数，简称加权分布函数。显然，所有符号的加权概率之和为$\sum_{a=0}^{k} \phi(a) = r$。

根据公式（4-13），$F(X_i-1) = F(X_i) - p(X_i)$，$X_i = 0$ 时 $F(X_i-1) = 0$，$X_i = 1$ 时 $F(X_i-1) = \phi(0)$。将序列Q的加权分布函数记为$F(Q,r)$。

当$n=1$时，$F(Q,r) = rF(X_1-1) + rp(X_1)$。

当$n=2$时，$F(Q,r) = rF(X_1-1) + r^2F(X_2-1)p(X_1) + r^2p(X_1)p(X_2)$。

当$n=3$时，$F(Q,r) = rF(X_1-1) + r^2F(X_2-1)p(X_1) + r^3F(X_3-1)p(X_1)p(X_2) + r^3p(X_1)p(X_2)p(X_3)$。

令$\prod_{j=1}^{0} p(X_j) = 1$，当$n \geqslant 1$时，

$$F(Q,r) = \sum_{i=1}^{n} r^i F(X_i-1) \prod_{j=1}^{i-1} p(X_j) + r^n \prod_{i=1}^{n} p(X_i) \tag{4-14}$$

将满足（4-14）的加权分布函数的集合定义为二元加权模型，简称加权模型，记为$\{F(Q,r)\}$。令

$$H_n = F(Q,r) \tag{4-15}$$

$$R_n = r^n \prod_{i=1}^{n} p(X_i) \tag{4-16}$$

$$L_n = H_n - R_n = \sum_{i=1}^{n} r^i F(X_i-1) \prod_{j=1}^{i-1} p(X_j) \tag{4-17}$$

其中$X_i \in \{0,1\}$，$n = 1,2,\cdots$。当$r=1$时，

$$F(Q,1) = \sum_{i=1}^{n} F(X_i-1) \prod_{j=1}^{i-1} p(X_j) + \prod_{i=1}^{n} p(X_i) \tag{4-18}$$

$H_n = F(Q,1)$，$R_n = \prod_{i=1}^{n} p(X_i)$，$L_n = H_n - R_n$，可知算术编码（区间编码）是

基于$r=1$的加权分布函数的无损编码方法。加权模型可扩展到$X_i \in \{0,1,2,\cdots\}$的情形，本书不做讨论。

因X_i必须取A中的值，所以$p(X_i) \geqslant 0$。显然公式（4-15）、公式（4-16）、公式（4-17）表示的是区间列。L_i，H_i是在时刻$i(i=0,1,2,\cdots,n)$信源序列X中变量X_i对应的区间上下标，$R_i = H_i - L_i$是区间的长度。根据公式（4-15）、公式（4-16）、公式（4-17），加权概率模型线性编码的迭代式为

$$R_i = R_{i-1}\phi(X_i)$$
$$L_i = L_{i-1} + R_{i-1}F(X_i - 1, r) \qquad (4-19)$$
$$H_i = L_i + R_i$$

以$(s \to \infty, t = 1)$为例，令$r > 1$且序列Q从$i+1$位置开始的 3 个符号为 0，1，0。根据公式（4-19）二元加权模型的编码运算过程如图 4-1 所示。

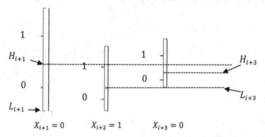

图 4-1　二元加权模型编码 010 的过程

根据图 4-1，若$H_{i+3} > H_{i+1}$，因区间$[H_{i+1}, H_{i+3}) \in [H_{i+1}, H_{i+1} + R_{i+1})$，且$[H_{i+1}, H_i + R_i)$与符号 1 对应，所以第$i+1$个符号 0 可能被错误译码为符号 1。若$H_{i+3} \leqslant H_{i+1}$，则$[L_{i+3}, H_{i+3}) \in [L_{i+1}, H_{i+1})$。如图 4-1 中$[L_{i+1}, H_{i+1})$与符号 0 唯一对应，所以$i+1$位置上的符号 0 被$L_{i+3}$正确译码，且$i+2$和$i+3$位置上的符号 1 和符号 0 也被正确译码。当$0 < r \leqslant 1$时，任意时刻都有$[L_{i+1}, H_{i+1}) \in [L_i, H_i)$，可无损译码。由于$F(0-1) = 0$，$F(0) = p(0)$，由公式（4-19）可得

$$H_{i+3} = L_i + R_i\phi(0)^2 + R_i\phi(0)^2\phi(1) = L_i + R_i r^2 p(0)^2 + R_i r^3 p(0)^2 p(1) \qquad (4-20)$$
$$H_{i+1} = L_i + R_i\phi(0) = L_i + R_i r p(0)$$

因为$H_{i+3} \leqslant H_{i+1}$，所以

$$\phi(0)\phi(1) + \phi(0) = r^2 p(1) p(0) + r p(0) \leqslant 1 \qquad (4-21)$$

设方程$ax^2 + bx + c = 0$，其中$a = p(1)p(0)$，$b = p(0)$，$c = -1$，且$x > 0$。满足

方程的正实数根为 $\dfrac{\sqrt{p(0)^2 + 4p(1)p(0)} - p(0)}{2p(1)p(0)}$，因 $p(1) = 1 - p(0)$，且 $p(1) = 0$ 时

$r \leqslant 1$，所以

$$r \leqslant \frac{\sqrt{4p(0) - 3p(0)^2} - p(0)}{2p(0) - 2p(0)^2} \tag{4-22}$$

令 $r_{\max} = \dfrac{\sqrt{4p(0) - 3p(0)^2} - p(0)}{2p(0) - 2p(0)^2}$，$r_{\max}$ 为 r 的最大值，显然 $r_{\max}$ 仅在序列 Q 满足

（4-1）才能通过 L_i 完整译码。

　　设序列 Q 中从第 $i+1$ 个位置起有 $j+2$ $(j = 1, 2, 3, \cdots)$ 个符号，为 $0, 1, \cdots, 1, 0$，其中符号 1 的连续个数为 j，根据（4-1），$j \leqslant t$。因 $H_{i+j+2} \leqslant H_{i+1}$，根据公式（4-19）有

$$\phi(0) + \phi(0)\phi(1) + \phi(0)\phi(1)^2 + \cdots + \phi(0)\phi(1)^j \leqslant 1 \tag{4-23}$$

　　于是

$$\phi(0) + \phi(0)\phi(1) + \phi(0)\phi(1)^2 + \cdots + \phi(0)\phi(1)^{j-1} \leqslant \frac{1 - \phi(0)}{\phi(1)} \tag{4-24}$$

（4-23）减去（4-24），可简化为

$$r - r^{j+2}p(1)^{j+1} + r^{j+2}p(1)^{j+2} \geqslant 1 \tag{4-25}$$

$p(1)$ 已知，（4-25）取等号可得 $r_{\max}$。当 $p(1) = 1$ 或 $p(0) = 0$ 时，$r_{\max} = 1$；当 $0 < p(0) < 1$，$j \to \infty$ 时，$r_{\max}{}^{j+2}p(1)^{j+1} \to 0$，$r_{\max}{}^{j+2}p(1)^{j+2} \to 0$，则 $r_{\max} \to 1$。当 $j < t$ 或 $r < r_{\max}$ 时 $rp(0) + r^2p(0)p(1) + r^3p(0)p(1)^2 + \cdots + r^{j+1}p(0)p(1)^j < 1$。

4.2.2　无损译码可行性证明

定理 4.3　加权模型满足：

（1）$L_n < H_n \wedge L_n < H_{n-1} \wedge \cdots \wedge L_n < H_1$，通过 L_n 可完整还原序列 Q；

（2）$\lim\limits_{n \to \infty}(H_n - L_n) = 0$，即加权概率模型具有收敛性；

（3）$\lim\limits_{n \to \infty} H_n = L_n$，$L_n$ 是唯一的。

证明　（1）根据（4-23），$j > t$ 或 $r > r_{\max}$，有 $H_{i+j+2} > H_{i+1}$，由于 $[H_{i+j+2}, H_{i+1})$ 对应符号 1，于是第 $i+1$ 个符号不能被准确译码为符号 0，不符合无损译码要求，所以 $0 \leqslant j \leqslant t$ 且 $0 < r \leqslant r_{\max}$ 必须同时满足。因 $F(0-1, r) = 0$，$L_{i-1} \geqslant 0$，$R_{i-1} \geqslant 0$，所以 L_n 为单调不减函数。当且仅当 $L_n \in [L_n, H_n) \wedge L_n \in [L_{n-1}, H_{n-1}) \wedge \cdots \wedge L_n \in [L_1, H_1)$

时，因 $[L_i, H_i](i=1,2,\cdots,n)$ 与变量 X_i 为唯一映射关系，所以当 $L_n \in [L_i, H_i)$ $(i=1,2,\cdots,n)$ 时得出唯一的符号 X_i，从而完整得出信源序列 X，于是 $L_n < H_n \wedge L_n < H_{n-1} \wedge \cdots \wedge L_n < H_1$。

（2）因 $j \le t$ 且 $r \le r_{max}$，有 $\phi(0) + \phi(0)\phi(1) + \phi(0)\phi(1)^2 + \cdots + \phi(0)\phi(1)^j \le 1$，所以 $H_{i+j+2} \le H_{i+1}$。当且仅当 $j = t$ 且 $r = r_{max}$ 时 $H_{i+j+2} = H_{i+1}$。

令 $R_{j+1} = \phi(0)\prod_{i=1}^{j}\phi(1)$，$R_j = \phi(0)\prod_{i=1}^{j-1}\phi(1)$，$\cdots$，$R_2 = \phi(0)\phi(1)$，$R_1 = \phi(0)$，于是 $R_n = \prod R_{j+1}\prod R_j \cdots \prod R_2 \prod R_1$。当 $j < t$ 且 $r < r_{max}$ 时，由（4-23）可得 $R_1 = \phi(0) < 1$，$R_2 = \phi(0)\phi(1) < 1$，$R_3 = \phi(0)\phi(1)^2 < 1$，$\cdots$，$R_{j+1} = \phi(0)\phi(1)^j < 1$，所以 $n \to \infty$ 时 $R_n \to 0$，则 $\lim\limits_{n\to\infty}(H_n - L_n) = \lim\limits_{n\to\infty} R_n = 0$，加权概率模型是收敛的。

（3）$\{L_n\}$ 是严格单调不减且有上界的数列，由单调有界定理，设 $\lim\limits_{n\to\infty} L_n = \xi$，且 $\xi \ge L_n$。因为 $\lim\limits_{n\to\infty}(H_n - L_n) = 0$，所以 $\lim\limits_{n\to\infty} L_n = \lim\limits_{n\to\infty} H_n = \xi$，所以 $\xi = L_n$，$\lim\limits_{n\to\infty} H_n = \xi = L_n$，且 L_n 是唯一的。（证毕）

推论 4.1 设 $\phi(1) = 1$，当 $\phi(0) \le \dfrac{1}{t+1}$ 时，加权模型通过 L_n 可完整还原序列 Q。

证明 根据（4-23），当 $\phi(1) = 1$ 时 $(t+1)\phi(0) \le 1$，于是 $\phi(0) \le \dfrac{1}{t+1}$。（证毕）

根据推论 4.1，因 $r = \phi(0) + \phi(1)$，于是 $r \le \dfrac{t+2}{t+1}$。但是，不能得出 $r_{max} = \dfrac{t+2}{t+1}$。以 $t=1$ 为例，$r_{max} = \dfrac{3}{2}$，代入（4-21）求解，当 $p(0) \le \dfrac{1}{3}$ 时（4-21）成立，加权模型满足定理 4.3（1）。因为 $t=1$ 时，序列 Q 中 $p(0) \ge \dfrac{1}{2}$。

因为 $r_{max} \ne \dfrac{t+2}{t+1}$，所以 $r_{max} - r_{max}^{j+2}p(1)^{j+1} + r_{max}^{j+2}p(1)^{j+2} = 1$ 是加权模型无损编译码的充要条件。

4.2.3 加权模型编码码率

根据 4.1.3 节，因加权模型编译码满足：

（1）编译码时符号 0 和符号 1 存在唯一的概率质量函数 $p(0)$ 和 $p(1)$。

（2）(s,t)已知，存在唯一r_{max}与(s,t)对应，且$r_{max}>1$，$-\log r_{max}<0$，所以$H(Q,r_{max})<H(Q)$。加权概率模型编码更接近$H(X)$。

（3）U无误译码后$Y=Q$，$Y\in B$。

（4）$n\to\infty$时，当$Y\in\bar{B}$，U错误；当$Y\in B$，U正确，$Y=Q$。

所以序列Q经加权模型编码为序列V，V通过 DMC 传输，U为接收到的二进制序列。接收端通过U经加权模型译码出二进制序列Y。

根据定理 2.1，序列V中平均每 1 bit 所携带的信息量为$H(Q,r_{max})$ bit，总信息量为$lH(Q,r_{max})$ bit。信源序列X的总信息量为$nH(X)$ bit，可得加权模型的编码码率为

$$R=\frac{nH(X)}{lH(Q,r_{max})} \tag{4-26}$$

根据 BSC（ξ）信道模型，序列X直接由 BSC（ξ）传输，ξ已知。序列X中符号等概率（$p=\dfrac{1}{2}$）时，BSC（ξ）的传输速率最大。于是 BSC（ξ）信道容量为$C_{BSC}=1-H(\xi)$且$H(X)=1$。根据 BEC（ε）信道模型，信道容量为$C_{BEC}=1-\varepsilon$。由公式（4-26）可得单位时间内 BSC（ξ）和 BEC（ε）信道容量为

$$C_{BSC}(t)=R\big(1-H(\xi)\big) \tag{4-27}$$

$$C_{BEC}(t)=R(1-\varepsilon) \tag{4-28}$$

因序列Q满足（4-1），可根据公式（4-25）得r_{max}且$r_{max}>1$。满足序列$Y\in B$且$Y=Q$，算术编码极限为$H(Q)$，即序列Q以 bit 单位进行算术编码。因为加权模型中$r_{max}>1$，所以$-\log r_{max}<0$，则$H(Q,r_{max})<H(Q)$。显然，加权模型编码使信道的传输速率更高。对于传输速率要求不高的信道，可以使用算术编码（或区间编码）。

4.3　错误校验和前向纠错编译码

本节以（$s\to\infty,t=1$）为例构造前向纠错编译码。设长度为n的二进制伯努利信源序列X中符号 0 的概率为$p(0\leqslant p\leqslant1)$。

于是$H(X)=-p\log_2 p-(1-p)\log_2(1-p)$。经（4-3）处理后得序列$Q$，序列$Q$的长度$l=(2-p)n$。

定理 4.4 （$s \to \infty, t = 1$），当 $n \to \infty$ 且 $p = \phi(0) = \dfrac{1}{2}$，$\phi(1) = 1$ 时，BSC（ξ）和 BEC（ε）传输速率达到信道容量，平均译码错误概率趋近于 0。

证明 $p = \dfrac{1}{2}$ 时，$nH(X) = n$。

$\phi(0) \leqslant \dfrac{1}{2}$，$\phi(1) = 1$，根据推论 4.1 有 $H\left(Q, \phi(0) = \dfrac{1}{2}, \phi(1) = 1\right) = -\dfrac{1}{2-p}\log_2 \dfrac{1}{2}$

$= \dfrac{1}{2-p}$。于是 $lH\left(Q, \phi(0) = \dfrac{1}{2}, \phi(1) = 1\right) = \dfrac{(2-p)n}{2-p} = n$。由公式（4-26）可得

$$R = \frac{nH(X)}{lH\left(Q, \phi(0) = \dfrac{1}{2}, \phi(1) = 1\right)} = 1$$

代入公式（4-27）、公式（4-28）可得 $C_{BSC}(t) = 1 - H(\xi)$，$C_{BEC}(t) = 1 - \varepsilon$，所以 BSC（$\xi$）和 BEC（$\varepsilon$）传输速率达到信道容量。又根据定理 4.1 和定理 4.2，$n \to \infty$ 时 $l \to \infty$，$\lim\limits_{l \to \infty} P(s \to \infty, t = 1, i = l) = 0$，即平均译码错误概率趋近于 0。（证毕）

序列 Q 中符号 0 和符号 1 的概率质量函数 $p(0) = \dfrac{1}{2-p}$，$p(1) = \dfrac{1-p}{2-p}$，且 $\dfrac{1}{2} \leqslant p(0) \leqslant 1$。根据（4-22）当 $p(0) = 1$ 时，$r_{max} = 1$，$p = 1$；当 $\dfrac{1}{2} \leqslant p(0) < 1$ 时，r_{max}

$= \dfrac{\sqrt{4p(0) - 3p(0)^2} - p(0)}{2p(0) - 2p(0)^2}$，得 $1 \leqslant r_{max} \leqslant 1.236\,067$。

$$
\begin{aligned}
lH(Q, r_{max}) &= -n\log_2 \frac{\sqrt{5 - 4p} - 1}{2 - 2p} - (1 \\
&\quad - p)n\log_2 \frac{\sqrt{5 - 4p} - 1}{2} \\
&= (2 - p)n\log_2 \frac{2}{\sqrt{5 - 4p} - 1} \\
&\quad + n\log_2 (1 - p)
\end{aligned}
\tag{4-29}
$$

定理 4.5 （$s \to \infty, t = 1$），当 $n \to \infty$ 时，BSC（ξ）和 BEC（ε）传输速率可达信道容量，平均译码错误概率趋近于 0。

证明 根据公式（4-29），

$$lH\left(Q,r_{\max}\right)-nH\left(X\right)=-\left(2-p\right)n\log_2\frac{2}{\sqrt{5-4p}-1}+\left(2-p\right)n\log_2\left(1-p\right)+pn\log_2 p$$

$$=\left(2-p\right)n\log_2\frac{2-2p}{\sqrt{5-4p}-1}+pn\log_2 p$$

$$=n\log_2\left(\left(\frac{2-2p}{\sqrt{5-4p}-1}\right)^{2-p}\times p^p\right)$$

因 $0<p<1$ 所以 $4(1-p)^2\geqslant 0$，则 $4-8p+4p^2\geqslant 0$。因 $4-8p+4p^2=(3-2p)^2-(5-4p)\geqslant 0$。所以 $2-2p\geqslant\sqrt{5-4p}-1$。因 $(2-2p)\geqslant\left(\sqrt{5-4p}-1\right)^2$，可得 $2p-2p^2\leqslant\sqrt{5-4p}-1$，则 $\frac{\sqrt{5-4p}-1}{2-2p}\geqslant p$。因为 $\left(\frac{2-2p}{\sqrt{5-4p}-1}\right)^{2-p}\times p^p=\left(\frac{\sqrt{5-4p}-1}{2-2p}\right)^{p-2}\times p^p\geqslant\times p^{2p-2}=\left(\frac{1}{p}\right)^{2-2p}$ 且 $2-2p\geqslant 0$，$\frac{1}{p}\geqslant 1$，所以 $\left(\frac{1}{p}\right)^{2-2p}\geqslant 1$，即 $lH\left(Q,r_{\max}\right)-nH\left(X\right)\geqslant 0$，可得 $R=\frac{nH\left(X\right)}{lH\left(Q,r_{\max}\right)}\leqslant 1$。由公式（4-27）、公式（4-28）得 BSC（ξ）和 BEC（ε）传输速率可达信道容量。

因 $n\to\infty$ 时 $l\to\infty$，$\lim\limits_{l\to\infty}P(s\to\infty,t=1,i=l)=0$，所以平均译码错误概率趋近于 0。（证毕）

4.3.1　编码

根据定理 4.4 和 4.5，可构造前向纠错编译码算法。

经计算，当 $p\geqslant 0.652$ 时 $H\left(Q,r_{\max}\right)\leqslant\dfrac{1}{2-p}=\dfrac{n}{l}$，即 $lH\left(Q,r_{\max}\right)\leqslant n$，所以加权模型编码具有信道无损压缩作用。

因 $\phi(0)=\dfrac{1}{2}$，$\phi(1)=1$ 无法适应 p 变化，所以本节采用 $\phi(0)=r_{\max}p(0)$，$\phi(1)=r_{\max}p(1)$ 进行加权模型编码。

于是基本运算变量如下：$p(0)=\dfrac{1}{2-p}$，$p(1)=\dfrac{1-p}{2-p}$，$\phi(0)=\dfrac{r_{\max}}{2-p}$，$\phi(1)=\dfrac{r_{\max}(1-p)}{2-p}$，

$$r_{\max}=\frac{\sqrt{4p(0)-3p(0)^2}-p(0)}{2p(0)-2p(0)^2}。$$

由图 4-2 可得出，当 $p < \dfrac{1}{2}$ 时，将序列 X 中符号互换。

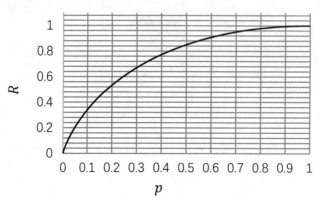

图 4-2　加权模型编码码率 R 与序列 X 中符号 0 概率 p 的关系

由图 4-3 可得，$p = \dfrac{1}{2}$ 时加权模型编码码率最小，最小 $R = 0.851\,08$。

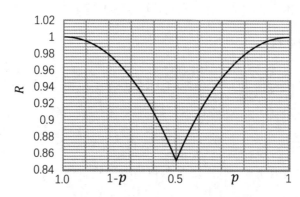

图 4-3　$p < \dfrac{1}{2}$ 时 R 与 $1-p$ 的关系，$p \geqslant \dfrac{1}{2}$ 时 R 与 p 的关系

根据（4-19），加权模型是以 bit 为单位的线性编码，将序列 X 的信源处理过程合并在编码步骤中。编码时分以下两种情况。

（1）当 $p \geqslant \dfrac{1}{2}$ 时，编码序列 X 中的符号 0 时 $R_i = R_{i-1}\phi(0)$，$L_i = L_{i-1}$；编码序列 X 中符号 1 时，因 $(s \to \infty, t = 1)$，所以实际编码"10"，$R_i = R_{i-1}\phi(1)\phi(0)$，$L_i = L_{i-1} + R_{i-1}\phi(0)$。

（2）当 $p < \dfrac{1}{2}$ 时，编码序列 X 中的符号 0 时，实际编码"10"，

$R_i = R_{i-1}\phi(1)\phi(0)$，$L_i = L_{i-1} + R_{i-1}\phi(0)$。编码序列 X 中符号 1 时，$R_i = R_{i-1}\phi(0)$，$L_i = L_{i-1}$。

编码逻辑如下。

$Algorithm(1)$：基于 $(s \to \infty, t = 1)$ 的加权模型编码

输入：长度为 n 的序列 X 数组 $XBitArray$

输出：比特数组 $VBitArray$ 和 c

1: $R_0 \leftarrow 1; L_0 \leftarrow 0;$

2: for $i \leftarrow 0$ to n

3:　　if $XBitArray[i] = 0$ then

4:　　　　$c \leftarrow c + 1;$

5:　　end if

6: end for

7: $p \leftarrow \dfrac{c}{n}; p(0) \leftarrow \dfrac{1}{2-p};$

8: $r_{\max} \leftarrow \dfrac{\sqrt{4p(0) - 3p(0)^2} - p(0)}{2p(0) - 2p(0)^2}; \phi(0) \leftarrow r_{\max} p(0); \phi(1) \leftarrow r_{\max}(1 - p(0));$

9: for $i \leftarrow 1$ to n

10:　　if $XBitArray[i-1] = 0$ then

11:　　　　if $p < 0.5$ then

12:　　　　　　$R_i \leftarrow R_{i-1}\phi(1)\phi(0)$；

13:　　　　　　$L_i \leftarrow L_{i-1} + R_{i-1}\phi(0)$；

14:　　　　else

15:　　　　　　$R_i \leftarrow R_{i-1}\phi(0)$；

16:　　　　end if

17:　　else

18:　　　　if $p < 0.5$ then

19:　　　　　　$R_i \leftarrow R_{i-1}\phi(0)$；

20:　　　　else

21:　　　　　　$R_i \leftarrow R_{i-1}\phi(1)\phi(0)$；

22:　　　　　　$L_i \leftarrow L_{i-1} + R_{i-1}\phi(0)$；

23:　　　end if

24:　　end if

25: end for

26: *VBitArray* ← L_n;

27: return *VBitArray,c*;

本文伪代码以实现逻辑为目的，其中R_i和L_i等被定义为无限精度的实数，且c能被无误传输。在实际应用中，仅需要将$\phi(0)$和$\phi(1)$代入算术编码（区间编码），实现加权模型编译码。考虑到c在接收端需要校验，约定发送端和接收端用d bit 记录整数c。在$Algorithm(2)$中$n=n+d$，数组$XBitArray[n+d]$前d bit 存放c，后n bit 存放X，进行加权模型编码。

4.3.2　译码和错误校验

本节给出数据错误校验的译码过程。因为$(s\to\infty,t=1)$，所以连续译码 2 个或 2 个以上符号 1 时可判定数据$U\neq V$。接收端得到二进制序列U和c，将序列U的长度记为m，于是$m=(2n-c)H(Q,r_{\max})$。

译码校验逻辑。

Algorithm(2)：基于$(s\to\infty,t=1)$的加权模型错误校验译码

输入：比特数组*UBitArray*和c

输出：比特数组*YBitArray*或null

1: $R_0 \leftarrow 1; L_0 \leftarrow 0; i \leftarrow 1; H \leftarrow 0; s \leftarrow 0; p \leftarrow \dfrac{c}{n}; p(0) \leftarrow \dfrac{1}{2-p}$;

2: $U \leftarrow UBitArray$;

3: $r_{\max} \leftarrow \dfrac{\sqrt{4p(0)-3p(0)^2}-p(0)}{2p(0)-2p(0)^2}$; $\phi(0) \leftarrow r_{\max}p(0); \phi(1) \leftarrow r_{\max}(1-p(0))$;

4: while $i < n$

5:　　$H \leftarrow L_{i-1}+rp(0)R_{i-1}$;

6:　　if $U \geqslant H$ then

7:　　　if $s=1$ then

8:　　　　return null ;

9:　　　else

10:　　　　if $p < 0.5$ then

11:　　　　　$YBitArray[i-1] \leftarrow 0$;

12:　　　else

13:　　　　　$YBitArray[i-1] \leftarrow 1$;

14:　　　end if

15:　　　$R_i \leftarrow R_{i-1}\phi(1)$;

16:　　　$L_i \leftarrow L_{i-1} + R_{i-1}\phi(0)$;

17:　　　$s \leftarrow 1$;

18:　　end if

19:　else

20:　　if $s = 0$ then

21:　　　　$R_i \leftarrow R_{i-1}\phi(0)$;

22:　　else

23:　　　　$R_i \leftarrow R_{i-1}\phi(0)$;

24:　　　if $p < 0.5$ then

25:　　　　　$YBitArray[i-1] \leftarrow 1$;

26:　　　else

27:　　　　　$YBitArray[i-1] \leftarrow 0$;

28:　　　end if

29:　　end if

30:　　$s \leftarrow 0$;

31:　end if

32:　$i \leftarrow i+1$;

33: end while

34: return $YBitArray$;

通过 $Algorithm(2)$ 首先译码 d bit，校验 c 是否正确。若 c 正确，接着译码，$Algorithm(2)$ 返回 null 则说明 U 错误。

4.3.3　BSC(ξ) 前向纠错译码

根据 BSC（ξ）信道模型，存在概率 ξ，使符号 0 被接收为符号 1，或符号 1 被接收为符号 0。基于加权模型，当 Algorithm（2）返回 null 时，二进制序列 U 中部分符号 0 或符号 1 错误。设序列 U 中存在 e bit 错误。

◆杰林码原理及应用

当$e=1$时，纠错逻辑如下。

Algorithm(3)：基于$(s\to\infty,t=1)$和 BSC（ξ），当$e=1$时前向纠错译码

输入：比特数组$UBitArray$

输出：比特数组$YBitArray$或null

1: for $i\leftarrow m-1$ to 0

2:　$UBitArray[i]\leftarrow$ not $UBitArray[i]$;

3:　$YBitArray\leftarrow Algorithm(2)\leftarrow UBitArray$;

4:　if $YBitArray=$ null then

5:　　$UBitArray[i]\leftarrow$ not $UBitArray[i]$;

7:　else

8:　　break;

9:　end if

10: end for

11: return $YBitArray$;

如果$Algorithm(3)$最多遍历$C_m^1=m$次，且遍历全部m次返回 null，说明序列U的错误不止 1 bit。

然后进行$e=2$的纠错逻辑。

Algorithm(4)：基于$(s\to\infty,t=1)$和 BSC（ξ），当$e=2$时前向纠错译码

输入：比特数组$UBitArray$

输出：比特数组$YBitArray$或null

1: for $i\leftarrow m-1$ to 0

2:　$UBitArray[i]\leftarrow$ not $UBitArray[i]$;

3:　for $j\leftarrow i-1$ to 0

4:　　$UBitArray[j]\leftarrow$ not $UBitArray[j]$;

5:　　$YBitArray\leftarrow Algorithm(2)\leftarrow UBitArray$;

6:　　if $YBitArray=$ null then

7:　　　$UBitArray[j]\leftarrow$ not $UBitArray[j]$;

8:　　　$j\leftarrow j-1$;

9:　　else

10:　　　break;

11:　　end if

12:　　end for

13:　　if *YBitArray* = null then

14:　　　*UBitArray*[*i*] ← not *UBitArray*[*i*];

15:　　　*i* ← *i* − 1;

16:　　else

17:　　　break;

18:　　end if

19: end for

20: return *YBitArray*;

如果 *Algorithm*(4) 最多遍历 C_m^2 次，若遍历全部次数返回 null，证明序列 *U* 的错误不止 2 bit。类推，因 $e \leqslant m$，总共需要进行 $\sum_{i=1}^{m} C_m^i = 2^m$ 次遍历，实现所有可能种类的纠错。显然，P_{err} 是 BSC（ξ）前向纠错译码时唯一的译码错误概率。

4.3.4　BEC(ε) 前向纠错译码

根据 BEC（ε）信道模型，存在概率 ε，使符号 0 或符号 1 被接收为符号 s。设序列 *U* 中存在 e 个符号 s。以 $e = 3$ 为例，错误符号记为 s_i，s_j，$s_k (i < j < k)$。纠错逻辑如下。

Algorithm(5)：基于 $(s \to \infty, t = 1)$ 和 BEC(ε)，当 $e = 3$ 时前向纠错译码

输入：比特数组 *UBitArray*

输出：比特数组 *YBitArray* 或 null

1: for *i* ← 0 to 1

2:　*s_i* ← *i*;

3:　for *j* ← 0 to 1

4:　　*s_j* ← *j*;

5:　　for *k* ← 0 to 1

6:　　　*s_k* ← *k*;

7:　　　*YBitArray* ← *Algorithm*(2) ← *UBitArray* ;

8:　　　if *YBitArray* ≠ null then

9:　　　　break;

10:　　　end if

11:　　end for

12:　　if *YBitArray* ≠ null then

13:　　　break;

14:　　end if

15:　end for

16:　if *YBitArray* ≠ null then

17:　　break;

18:　end if

19: end for

20: return *YBitArray*;

当 e 确定时，总共需要进行 2^e 次遍历，实现所有可能种类的纠错。同样的，P_{err} 是 BEC（ε）前向纠错译码时唯一的译码错误概率。

4.3.5　P_{err} 递增问题解决方法

设序列 $Y = (y_1, y_2, \cdots, y_i, \cdots, y_l)$，序列 $U = (u_1, u_2, \cdots, u_j, \cdots, u_m)$。接收端已知 c 和 n，且 s 和 t 已知，所以 p 和 $p(0)$ 已知。由定理 2.1 可得：

$$l = \frac{m}{H(Q, r_{\max})} \qquad (4\text{-}30)$$

将 l 代入公式（4-7）可得 P_{err}，P_{err} 仅与 l 有关。当 $j \geq 1$ 时，$\frac{m-j}{H(Q, r_{\max})} < l$，即不足以译码 l 个 bit，于是 P_{err} 变大。当 $m - j = 0$ 时 $l = 0$，$P_{err} = 1$，即 $j = m$ 时，无法校验错误，存在 P_{err} 递增问题。

为确保 P_{err} 不变或变小，可采用下面的两种方法。

（1）序列 $Q = (x_1, x_2, \cdots, x_i, \cdots, x_l)$ 编码完成后，再编码不少于 l 个符号 0，即 $x_{i>l} = 0$。于是序列 Y 中符号 $y_{i>l}$ 被译码为符号 1 时，$U \neq V$。

（2）设序列 V 中符号 $v_{j>m} = 0$，序列 V 进行加权模型译码得出序列 Y，序列 Y 中符号 $y_{i>l}$ 被译码为符号 1 时，$U \neq V$。

根据加权编码过程，$L_{2l} = L_{2l-1} = \cdots = L_{l+1} = L_l = V$。$V$ 为小数，无论 V 后增加多少个 0 均不会影响 V 的值，如 $V = 0.365 = 0.365\,00\cdots 0$。显然方法（1）等价于序列 V 中 $v_{j>m} = 0$。因为编码时，方法（2）比方法（1）运算量小一倍，所以一般选用方法（2）。于是，序列 U 经方法（2）译码得长度为 $2l$ 的序列 Y，设 $Y_1 = (y_1, y_2, \cdots, y_l)$，$Y_2 = (y_{l+1}, y_{l+2}, \cdots, y_{2l})$，当 $Y_1 \in E$ 且 $y_{l+1} = y_{l+2} = \cdots = y_{2l} = 0$ 时 $U = V$，P_{err} 不变。

上述两种方法在 m 为有限可数值时有效，当 $m \to \infty$ 时，设定 P_{err} 的值，可将序列 U 分段进行纠错译码。

将序列 U 和 V 分割为 $\left\lceil \dfrac{m}{h} \right\rceil$ 段，h 为已知可数非零整数。设 $U_k = (u_k, u_{k+1}, u_{k+2}, \cdots, u_{k+h})$，$V_k = (v_k, v_{k+1}, v_{k+2}, \cdots, v_{k+h})$，$U_k$ 为序列 U 中第 k 个比特段，V_k 为序列 V 中第 k 个比特段，于是 $k = 0, 1, 2 \cdots, \dfrac{m}{h}$。根据定理 4.1 和 4.2，$s$ 和 t 已知，P_{err} 仅与 l_k 有关。

因 $l_k = \dfrac{h}{H(Q, r_{\max})}$，所以 P_{err} 仅与 h 有关。由方法（1）和方法（2）可得需要译码不少于 $\dfrac{2h}{H(Q, r_{\max})}$ bit 才能使 P_{err} 不变或变小，即至少需要 U_k 和 U_{k+1} 才能译码出长度为 $\dfrac{2h}{H(Q, r_{\max})}$ 的序列 $Y_{\bar{i}}$（$Y_{\bar{i}}$ 为序列 Y 中的一段二进制序列），当 $Y_{\bar{i}} \in E$ 时 $U_k = V_k$。于是满足 P_{err} 不变或变小的最小数据校验范围为

$$l_{\min} = \frac{2h}{H(Q, r_{\max})} \tag{4-31}$$

当 $k = \left\lceil \dfrac{m}{h} \right\rceil$ 时，根据方法（2）令 $U_{k+1} = (0, 0, \cdots, 0)$，当 $y_{i>l} = 0$ 时 $U_k = V_k$。

4.3.6　错误校验范围与前向纠错范围

根据 4.3.5 节的分析及信道情形可自定义 h 的值。因为需要 U_k 和 U_{k+1} 才能译码出长度为 $\dfrac{2h}{H(Q, r_{\max})}$ 的序列 $Y_{\bar{i}}$，所以当 $Y_{\bar{i}} \in E$ 时，$U_k \neq V_k$ 或 $U_{k+1} \neq V_{k+1}$。于是比特错误发生在 U_k 或 U_{k+1} 中，根据公式 (4-29)，因 h 已知，所以前向纠错范围仅与 $H(Q, r_{\max})$ 有关，且前向纠错范围为 U_k 和 U_{k+1}，共 $2h$ 个相邻比特。根据公式（4-29），错误校验范围为 $l_{\min}$。

以上分析过程和编译码是基于 $\phi(0) = r_{\max} p(0)$，$\phi(1) = r_{\max} p(1)$ 的。当 $\phi(1) = 1$ 时，根据推论 4.1，$\phi(0) \leqslant \dfrac{1}{t+1}$，则序列 Q 中符号 0 的加权概率仅与 t 有关。于是信源处理方法 $(s \to \infty, t = 1)$ 和 $(s = 1, t = 2)$ 中符号 0 的加权概率 $\phi(0)$ 最大值分别为 $\dfrac{1}{2}$ 和 $\dfrac{1}{3}$。

因 $(s \to \infty, t = 1)$ 和 $(s = 1, t = 2)$ 均使序列 Q 存在 n 个符号 0，根据定理 2.1 当 $\phi(1) = 1$ 时序列 Q 中符号 1 不携带信息，所以序列 Q 中仅符号 0 的个数决定了加权模型编码后输出的比特位数。

以$(s=1,t=2)$为例，令序列X中符号0的概率$p=\dfrac{1}{2}$，因$p=\dfrac{1}{2}$，所以$H(X)=1$。

$H\left(Q,\phi(0)=\dfrac{1}{3},\phi(1)=1\right)=-\log_2\dfrac{1}{3}$，可得$R=1/(-\log_2\dfrac{1}{3})$。于是序列$Q$中每编码一个

符号0输出$-\log_2\dfrac{1}{3}$ bit，设编码输出$2h$ bit需要α个符号0，则

$$\alpha=\left\lceil 2h/(-\log_2\dfrac{1}{3})\right\rceil \tag{4-32}$$

由于α个符号0在序列Q中存在两种边界组合，其一为α个符号"10"（或"01"）组成序列Q，其二为α个符号"110"（或"011"）组成序列Q，所以序列Y_i^-的长度值必然属于整数区间$[2\alpha,3\alpha]$。但译码时序列Y_i^-的长度不可知，当错误校验范围设为3α时满足所有序列Y_i^-的校验，即对每次译码出的长度为3α的序列Y_i^-进行错误校验。

序列Q的3α个符号中符号0的个数最大值为$\lceil 3\alpha/2\rceil$，最小值为α。根据（4-30）和定理2.1可得，$\lceil 3\alpha/2\rceil$个符号0编码出的$3h$个相邻比特为前向纠错范围，即$\dfrac{3}{2}\left\lceil 2h/(-\log_2\dfrac{1}{3})\right\rceil(-\log_2\dfrac{1}{3})=3h$。

通过上述分析，不同的信源处理方法和加权概率，则错误校验范围与前向纠错范围不同。具体情况需要具体分析。

4.3.7 限制纠错位数的译码错误概率

设长度为m的序列U中存在e bit错误，BSC信道中e与误比特率ξ有关，BEC信道中e与误比特率ε有关。根据定理4.1和4.2，因$\lim\limits_{l\to\infty}P_{err}=0$，所以序列$U$中任何错误均可被发现。根据4.3.3节和4.3.4节，可限制前向纠错的比特个数为τ。当$e>\tau$时，接收端通知发送端重新发送序列V；当$e\leqslant\tau$时，接收端基于序列U进行前向纠错译码。m bit中出现大于τ bit错误的概率为

$$P_{BSC}(\tau)=\sum_{i=\tau+1}^{m}C_m^i\xi^i(1-\xi)^{m-i} \tag{4-33}$$

$$P_{BEC}(\tau)=\sum_{i=\tau+1}^{m}C_m^i\varepsilon^i(1-\varepsilon)^{m-i} \tag{4-34}$$

（4-33）和（4-34）分别为BSC和BEC信道的重新传输序列V的概率，τ可被定义为已知整数。因$e>\tau$时接收端不进行前向纠错译码，所以当$e\leqslant\tau$时前向纠错的译码错误概率分别为

$$P_{err}=P_{BSC}(\tau)+P(Y\neq Q|Y\in E) \tag{4-35}$$

$$P_{err}=P_{BEC}(\tau)+P(Y\neq Q|Y\in E) \tag{4-36}$$

因 $\lim\limits_{l\to\infty}P\big(Y\ne Q\,|\,Y\in E\big)=0$，　所 以 BSC 信 道 $\lim\limits_{l\to\infty}P_{err}=P_{\mathrm{BSC}}\big(\tau\big)$，BEC 信

道 $\lim\limits_{l\to\infty}P_{err}=P_{\mathrm{BEC}}\big(\tau\big)$。

4.4　仿真实验

根据图 4-3，$(s\to\infty,t=1)$ 的最低码率 $R=0.851\,08$，不适合 $R=\dfrac{1}{2}$ 情形下的比

较。为实现本节方法与 Polar 码、LDPC 码和 Turbo 码的误块率（BLER）的比

较，实验选用 $(s=1,t=2)$ 为信源处理方法。

设长度为 n 的二进制信源序列 X 中符号 0 的概率为 p。当 $p=\dfrac{1}{2}$ 时 DMC 信道

传输速率最大，于是 $nH\big(X\big)=n$。经信源处理，序列 Q 的长度 $l=\dfrac{5}{2}n$。为了确保

$R=\dfrac{1}{2}$，根据推论 4.1，$t=2$，所以 $\phi(0)\le\dfrac{1}{3}$，$\phi(1)=1$。当 $\phi(0)=\dfrac{1}{3}$ 时，

$$lH\left(Q,\phi\big(0\big)=\frac{1}{3},\phi\big(1\big)=1\right)=-\frac{5}{2}n\left(\frac{2}{5}\log_2\frac{1}{3}+\frac{3}{5}\log_2 1\right)=-n\log_2\frac{1}{3}$$

根据公式（4-26）可得

$$R=\frac{nH\big(X\big)}{lH\left(Q,\phi\big(0\big)=\dfrac{1}{3},\phi\big(1\big)=1\right)}=\frac{n}{2n}=-\frac{1}{\log_2\dfrac{1}{3}}$$

当 $\phi\big(0\big)=\dfrac{1}{4}$ 时，

$$lH\left(Q,\phi\big(0\big)=\frac{1}{4},\phi\big(1\big)=1\right)=-n\log_2\frac{1}{4}=2n$$

得

$$R=\frac{nH\big(X\big)}{lH\left(Q,\phi\big(0\big)=\dfrac{1}{4},\phi\big(1\big)=1\right)}=\frac{n}{2n}=\frac{1}{2} \tag{4-37}$$

4.4.1　编码

根据加权模型，编码序列 X 中的符号 0 时，因实际编码"01"，所以

$R_i=R_{i-1}\phi(0)\phi(1)$，$L_i=L_{i-1}+R_{i-1}\phi(0)^2$。编码序列 X 中符号 1，因实际编码"101"，

所以 $R_i=R_{i-1}\phi(0)\phi(1)^2$，$L_i=L_{i-1}+R_{i-1}\phi(0)^2\phi(1)$。

编码逻辑如下。

Algorithm(6)：基于$(s=1,t=2)$的加权模型编码

输入：长度为n的序列X数组$XBitArray$

输出：比特数组$VBitArray$

1: $R_0 \leftarrow 1; L_0 \leftarrow 0;$

2: $\phi(0) \leftarrow \dfrac{1}{4}; \phi(1) \leftarrow 1;$

3: for $i \leftarrow 1$ to n

4:    if $XBitArray[i-1] = 0$ then

5:       $R_i = R_{i-1}\phi(0)\phi(1)$;

6:       $L_i = L_{i-1} + R_{i-1}\phi(0)^2$;

7:    else

8:       $R_i = R_{i-1}\phi(0)\phi(1)^2$;

9:       $L_i = L_{i-1} + R_{i-1}\phi(0)^2 \phi(1);$

10:    end if

11: end for

12: $VBitArray \leftarrow L_n;$

13: return $VBitArray$;

4.4.2 译码校验

译码时，首先校验译码结果是否正确，即$Y \in E$则译码结果正确，否则U错误。

Algorithm(7)：基于$(s=1,t=2)$的错误校验译码

输入：比特数组$UBitArray$和c

输出：比特数组$YBitArray$或null

1: $R_0 \leftarrow 1; L_0 \leftarrow 0; i \leftarrow 1; j \leftarrow 1; H \leftarrow 0; s_1 = s_2 \leftarrow -1;$

2: $U \leftarrow UBitArray;$

3: $\phi(0) \leftarrow \dfrac{1}{4}; \phi(1) \leftarrow 1;$

4: while $i < n$

5:    $H \leftarrow L_{j-1} + rp(0)R_{j-1};$

6:　if $U < H$ then

7:　　if $s_2 = s_1 = -1$ then

8:　　　$s_1 \leftarrow 0$;

9:　　　$R_j = R_{j-1}\phi(0)$;

10:　　else if $s_2 = -1$ and $s_1 = 1$ then

11:　　　$s_2 \leftarrow 1; s_1 \leftarrow 0$;

12:　　　$R_j = R_{j-1}\phi(0)$;

13:　　else if $s_2 = 1$ and $s_1 = 1$ then

14:　　　return null ;

15:　　else if $s_1 = 0$ then

16:　　　return null ;

17:　　end if

18:　　$j \leftarrow j+1$;

19:　else

20:　　if $s_2 = s_1 = -1$ then

21:　　　$R_j \leftarrow R_{j-1}\phi(1)$;

22:　　　$L_j = L_{j-1} + R_{j-1}\phi(0)$;

23:　　else if $s_2 = -1$ and $s_1 = 0$ then

24:　　　$R_j \leftarrow R_{j-1}\phi(1)$;

25:　　　$L_j = L_{j-1} + R_{j-1}\phi(0)$;

26:　　　$YBitArray[i] = 0$;

27:　　　$i \leftarrow i+1$;

28:　　　$s_2 \leftarrow -1; s_1 \leftarrow -1$;

29:　　else if $s_2 = -1$ and $s_1 = 1$ then

30:　　　$R_j \leftarrow R_{j-1}\phi(1)$;

31:　　　$L_j = L_{j-1} + R_{j-1}\phi(0)$;

32:　　　$s_2 \leftarrow 1; s_1 \leftarrow 1$;

33:　　else if $s_2 = 1$ and $s_1 = 0$ then

34:　　　$R_j \leftarrow R_{j-1}\phi(1)$;

35:　　　$L_j = L_{j-1} + R_{j-1}\phi(0)$;

36:　　　　$YBitArray[i]=1$;

37:　　　　$i \leftarrow i+1$;

38:　　　　$s_2 \leftarrow -1; s_1 \leftarrow -1;$

39:　　　else if $s_2=1$ and $s_1=1$ then

40:　　　　return null ;

41:　　　end if

42:　　　$j \leftarrow j+1;$

43:　　end if

44: end while

45: return $YBitArray$;

当 $Algorithm(7)$ 返回 null 则说明 U 错误，需要采用 4.3.3 或 4.3.4 节的方法实现前向纠错和译码。

4.4.3　BSC(ξ) 信道仿真实验

仿真实验生成二进制伯努利序列 X，长度为 $n=1\,024$ bit，其中符号 0 的概率为 $p=\dfrac{1}{2}$。经 $(s=1,t=2)$ 信源处理后序列 Q 的长度 $l=2\,560$ bit，根据定理 4.2 有 $P_{err}=0$。因 $\phi(0)=\dfrac{1}{4}$，$\phi(1)=1$，符号 1 不携带信息量，序列 Q 经加权编码后序列 V 的长度为 $lH\left(Q,\phi(0)=\dfrac{1}{4},\phi(1)=1\right)=-1\,024\log_2\dfrac{1}{4}=2\,048$ bit。序列 V 经 BSC（ξ）传输。U 为接收端接收到的二进制序列。

根据 4.5、4.6 和 4.7 节分析，令 $h=32$，32 是计算机中 INT 数据类型的位长，于是数据校验范围为 $3\alpha=3\left\lceil 2h/(-\log_2\dfrac{1}{3})\right\rceil=122$，前向纠错范围为 $3h=96$，由公式（4-10）、公式（4-11）、公式（4-12）得译码错误概率为 $P_{err}\leqslant 2.502\,54\times10^{-22}$。根据 4.3.3 节的前向纠错译码逻辑，令 $\tau=8,12,16,18$，实验中无法纠错译码时重新传输当前帧，然后通过统计重传次数求出误块率（BLER）。

Turbo 码仿真基于 WCDMA 和 LTE 标准，Log-MAP 解码算法最大迭代 $I_{max}=8$，码长为 1 024。

LDPC 码仿真基于 WiMAX 标准，采用标准 BP 算法，且最大迭代 $I_{max}=200$，码长为 1 056。

Polar 码仿真基于循环冗余码（CRC）辅助的列表串行消除（Successive-

Cancellation List，SCL）译码算法（CRC–Asistant SCL）构造，列表大小为 32，最大码长为 1 024。

仿真 BI–AWGN 信道，帧数大于10^5，四种编码方法的码率$R = \dfrac{1}{2}$。实验得出本节方法、Turbo 码、LDPC 码和 Polar 码，在不同的信噪比E_b / N_0（SNR）下的误块率（BLER），如图 4-4 所示。

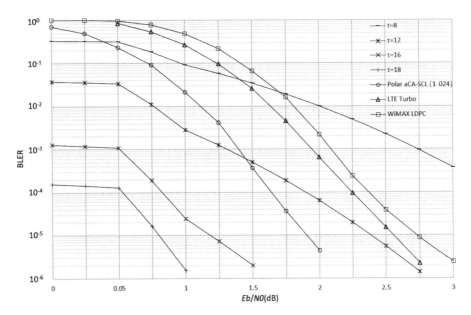

图 4-4　本节纠错方法（τ不变）与 Polar、Turbo、LDPC 的性能比较

由图 4-4 可得本节方法纠错性能优于 LDPC 码和 Polar 码，当$\tau = 12$时，信噪比低于 1.4 dB 时，本节方法优于 Polar 码。当$\tau = 18$时，本节方法相比 Polar 码有 1.0 dB 的增益，相比于 LDPC 码和 Turbo 码有 1.8 ～ 2.2 dB 的增益。

根据图 4-4，实验结果符合（4-31），且τ的值在任意信噪比下保持不变。接下来，实验不同的信噪比采用不同的τ值，比如 0 dB 时$\tau = 12$；0 dB 到 1 dB 时$\tau = 13$；1 dB 到 1.5 dB 时$\tau = 15$；大于等于 1.5 dB 时$\tau = 18$。通过仿真实验得出本文方法、Turbo 码、LDPC 码和 Polar 码，在不同的信噪比E_b / N_0（SNR）下的误块率（BLER），如图 4-5 所示。

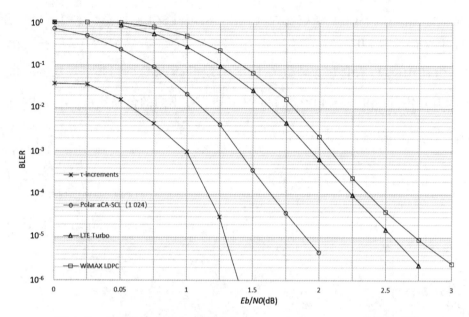

图 4-5　本节纠错方法（τ 递增）与 Polar、Turbo、LDPC 的性能比较

具体算法实现逻辑流程图如下。

1. 检错纠错算法编码流程图

检错纠错算法编码流程图如图 4-6 所示。

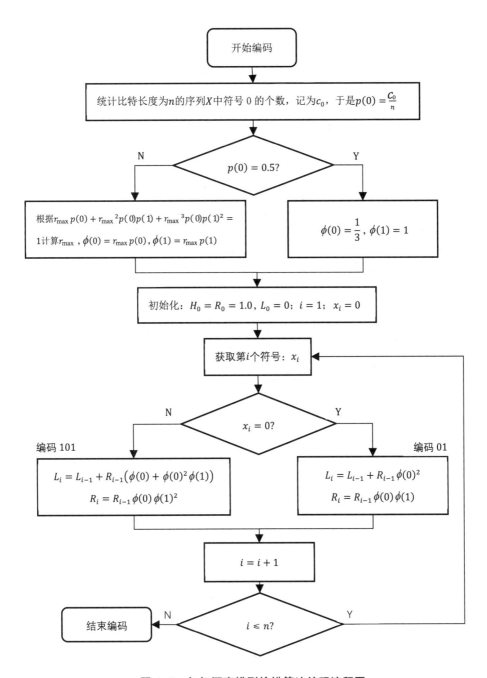

图 4-6　加权概率模型检错算法编码流程图

2. 检错算法译码流程图

检错算法译码流程图如图 4-7 所示。

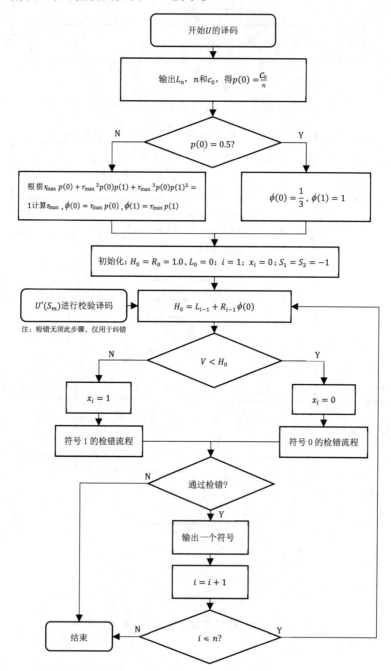

图 4-7 加权概率模型检错算法译码流程图

符号 1 的检错流程图如图 4-8 所示。

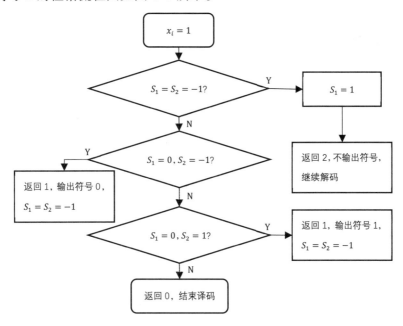

图 4-8　符号 1 的检错流程图

符号 0 的检错流程图如图 4-9 所示。

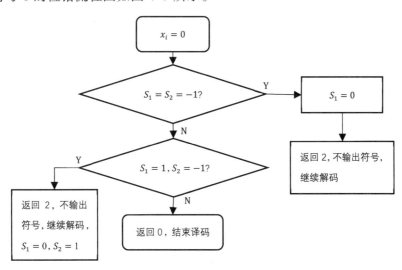

图 4-9　符号 0 的检错流程图

3. 纠错算法译码流程图

在图 4-8 和 4-9 中，当检错算法返回 0 时，可以要求系统重新传输当前的数据，也可以进入纠错流程中进行前向纠错译码。BSC 信道纠错译码流程如图 4-10 所示。

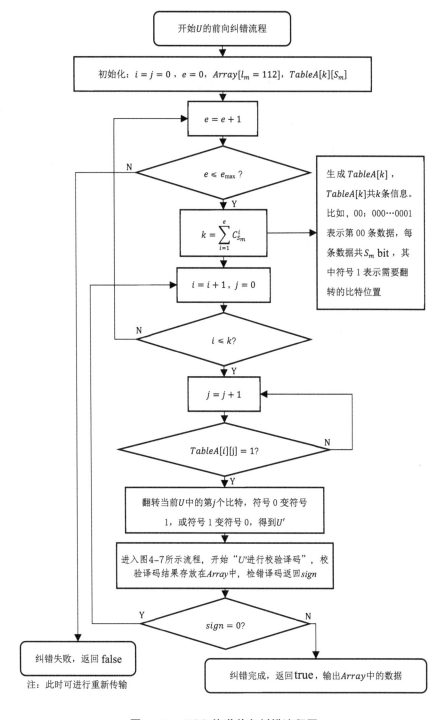

图 4-10　BSC 信道前向纠错流程图

4.5 BPSK 信号 AWGN 信道检错算法 C/C++ 实现

文件名: WJLDefine.h

```
#ifndef _WJLDEFINE_H
#define _WJLDEFINE_H
#include "stdlib.h"
#include "math.h"
// 用于检错的结构体
typedef enum{
  KEEPBACK_NULL = 0,
  KEEPBACK_ZERO,
  KEEPBACK_ONE,
  KEEPBACK_ONEZERO
}KEEPBACK_SYMBOL;
// 区间编码结构体
typedef struct{
  unsigned int RC_SHIFT_BITS;
  unsigned int RC_MAX_RANGE;
  unsigned int RC_MIN_RANGE;
  unsigned char *in_buff;
  unsigned char *out_buff;
  unsigned int out_buff_size;
  unsigned int FLow;
  unsigned int FRange;
  unsigned int FDigits;
  unsigned int FFollow;
  double dzerochange;
  double donechange;
}WJL_ERRRECOVERY_ENCODER;
// 纠错结构体
```

```
typedef struct{
  unsigned int RC_SHIFT_BITS;
  unsigned int RC_MAX_RANGE;
  unsigned int RC_MIN_RANGE;
  unsigned char *out_buff;
  unsigned int out_buff_size;
  unsigned char *in_buff;
  unsigned int in_buff_rest;
  unsigned int in_buff_pos;
  unsigned int FLow;
  unsigned int FRange;
  unsigned int Values;
  unsigned char mask;
  unsigned char outByte;
  double dzerochange;
  double donechange;
  KEEPBACK_SYMBOL keepBackSymbol;
}WJL_ERRRECOVERY_DECODER;
```

// 以 $m=32$ 为例，需要备份不少于 12 B，本代码给出 14 B 的备份，目的是检测理论的正确性

```
typedef struct{
  unsigned int Values;
  unsigned int FLow;
  unsigned int FRange;
  unsigned int out_buff_size;
  unsigned int in_buff_rest;
  unsigned char mask;
  unsigned int in_buff_pos;
  KEEPBACK_SYMBOL keepBackSymbol;
}TEMP_Values;
extern const unsigned char bitOfByteTable[256][8];
extern const unsigned int powoftwo[32];
#endif
```

文件名：WJLErrRecoveryCoder.h

```
#ifndef _LIBWJLERRRECOVERYCODER_H
#define _LIBWJLERRRECOVERYCODER_H
#ifdef__cplusplus
extern "C" {
#endif
```

unsigned char * WJL_ErrRecovery_Encode_Buff(unsigned char* ucInBuffer, const unsigned int * unInbufferLen,unsigned int *unOutbufferLen);

unsigned char * WJL_ErrRecovery_Decode_Buff(unsigned char* ucInBuffer, const unsigned int * unInbufferLen,unsigned int *unOutbufferLen,unsigned int *unPosErr);

```
#ifdef__cplusplus
}
#endif
#endif
```

文件名：WJLErrRecoveryCoder.c

```
#include "libWJLErrRecoveryCoder.h"
#include "WJLErrRecoveryDecode.h"
#include "WJLErrRecoveryEncode.h"
#include "string.h"
#include "stdio.h"
const unsigned char bitOfByteTable[256][8]=
{
    {0,0,0,0,0,0,0,0},{0,0,0,0,0,0,0,1},{0,0,0,0,0,0,1,0},{0,0,0,0,0,0,1,1},{0,0,0,0,0,1,0,0},{0,0,0,0,0,1,0,1},{0,0,0,0,0,1,1,0},{0,0,0,0,0,1,1,1},  //0 ~ 7
    {0,0,0,0,1,0,0,0},{0,0,0,0,1,0,0,1},{0,0,0,0,1,0,1,0},{0,0,0,0,1,0,1,1},{0,0,0,0,1,1,0,0},{0,0,0,0,1,1,0,1},{0,0,0,0,1,1,1,0},{0,0,0,0,1,1,1,1},  //8 ~ 15
    {0,0,0,1,0,0,0,0},{0,0,0,1,0,0,0,1},{0,0,0,1,0,0,1,0},{0,0,0,1,0,0,1,1},{0,0,0,1,0,1,0,0},{0,0,0,1,0,1,0,1},{0,0,0,1,0,1,1,0},{0,0,0,1,0,1,1,1},  //16 ~ 23
    {0,0,0,1,1,0,0,0},{0,0,0,1,1,0,0,1},{0,0,0,1,1,0,1,0},{0,0,0,1,1,0,1,1},{0,0,0,1,1,1,0,0},{0,0,0,1,1,1,0,1},{0,0,0,1,1,1,1,0},{0,0,0,1,1,1,1,1},  //24 ~ 31
    {0,0,1,0,0,0,0,0},{0,0,1,0,0,0,0,1},{0,0,1,0,0,0,1,0},{0,0,1,0,0,0,1,1},{0,0,1,0,0,1,0,0},{0,0,1,0,0,1,0,1},{0,0,1,0,0,1,1,0},{0,0,1,0,0,1,1,1},  //32 ~ 39
```

{0,0,1,0,1,0,0,0},{0,0,1,0,1,0,0,1},{0,0,1,0,1,0,1,0},{0,0,1,0,1,0,1,1},{0,0,1,0,1,1,0,0},{0,0,1,0,1,1,0,1},{0,0,1,0,1,1,1,0},{0,0,1,0,1,1,1,1},　//40 ~ 47

{0,0,1,1,0,0,0,0},{0,0,1,1,0,0,0,1},{0,0,1,1,0,0,1,0},{0,0,1,1,0,0,1,1},{0,0,1,1,0,1,0,0},{0,0,1,1,0,1,0,1},{0,0,1,1,0,1,1,0},{0,0,1,1,0,1,1,1},　//48 ~ 55

{0,0,1,1,1,0,0,0},{0,0,1,1,1,0,0,1},{0,0,1,1,1,0,1,0},{0,0,1,1,1,0,1,1},{0,0,1,1,1,1,0,0},{0,0,1,1,1,1,0,1},{0,0,1,1,1,1,1,0},{0,0,1,1,1,1,1,1},　//56 ~ 63

{0,1,0,0,0,0,0,0},{0,1,0,0,0,0,0,1},{0,1,0,0,0,0,1,0},{0,1,0,0,0,0,1,1},{0,1,0,0,0,1,0,0},{0,1,0,0,0,1,0,1},{0,1,0,0,0,1,1,0},{0,1,0,0,0,1,1,1},　//64 ~ 71

{0,1,0,0,1,0,0,0},{0,1,0,0,1,0,0,1},{0,1,0,0,1,0,1,0},{0,1,0,0,1,0,1,1},{0,1,0,0,1,1,0,0},{0,1,0,0,1,1,0,1},{0,1,0,0,1,1,1,0},{0,1,0,0,1,1,1,1},　//72 ~ 79

{0,1,0,1,0,0,0,0},{0,1,0,1,0,0,0,1},{0,1,0,1,0,0,1,0},{0,1,0,1,0,0,1,1},{0,1,0,1,0,1,0,0},{0,1,0,1,0,1,0,1},{0,1,0,1,0,1,1,0},{0,1,0,1,0,1,1,1},　//80 ~ 87

{0,1,0,1,1,0,0,0},{0,1,0,1,1,0,0,1},{0,1,0,1,1,0,1,0},{0,1,0,1,1,0,1,1},{0,1,0,1,1,1,0,0},{0,1,0,1,1,1,0,1},{0,1,0,1,1,1,1,0},{0,1,0,1,1,1,1,1},　//88 ~ 95

{0,1,1,0,0,0,0,0},{0,1,1,0,0,0,0,1},{0,1,1,0,0,0,1,0},{0,1,1,0,0,0,1,1},{0,1,1,0,0,1,0,0},{0,1,1,0,0,1,0,1},{0,1,1,0,0,1,1,0},{0,1,1,0,0,1,1,1},　//96 ~ 103

{0,1,1,0,1,0,0,0},{0,1,1,0,1,0,0,1},{0,1,1,0,1,0,1,0},{0,1,1,0,1,0,1,1},{0,1,1,0,1,1,0,0},{0,1,1,0,1,1,0,1},{0,1,1,0,1,1,1,0},{0,1,1,0,1,1,1,1},　//104 ~ 111

{0,1,1,1,0,0,0,0},{0,1,1,1,0,0,0,1},{0,1,1,1,0,0,1,0},{0,1,1,1,0,0,1,1},{0,1,1,1,0,1,0,0},{0,1,1,1,0,1,0,1},{0,1,1,1,0,1,1,0},{0,1,1,1,0,1,1,1},　//112 ~ 119

{0,1,1,1,1,0,0,0},{0,1,1,1,1,0,0,1},{0,1,1,1,1,0,1,0},{0,1,1,1,1,0,1,1},{0,1,1,1,1,1,0,0},{0,1,1,1,1,1,0,1},{0,1,1,1,1,1,1,0},{0,1,1,1,1,1,1,1},　//120 ~ 127

{1,0,0,0,0,0,0,0},{1,0,0,0,0,0,0,1},{1,0,0,0,0,0,1,0},{1,0,0,0,0,0,1,1},{1,0,0,0,0,1,0,0},{1,0,0,0,0,1,0,1},{1,0,0,0,0,1,1,0},{1,0,0,0,0,1,1,1},　//128 ~ 135

{1,0,0,0,1,0,0,0},{1,0,0,0,1,0,0,1},{1,0,0,0,1,0,1,0},{1,0,0,0,1,0,1,1},{1,0,0,0,1,1,0,0},{1,0,0,0,1,1,0,1},{1,0,0,0,1,1,1,0},{1,0,0,0,1,1,1,1},　//136 ~ 143

{1,0,0,1,0,0,0,0},{1,0,0,1,0,0,0,1},{1,0,0,1,0,0,1,0},{1,0,0,1,0,0,1,1},{1,0,0,1,0,1,0,0},{1,0,0,1,0,1,0,1},{1,0,0,1,0,1,1,0},{1,0,0,1,0,1,1,1},　//144 ~ 151

{1,0,0,1,1,0,0,0},{1,0,0,1,1,0,0,1},{1,0,0,1,1,0,1,0},{1,0,0,1,1,0,1,1},{1,0,0,1,1,1,0,0},{1,0,0,1,1,1,0,1},{1,0,0,1,1,1,1,0},{1,0,0,1,1,1,1,1},　//152 ~ 159

{1,0,1,0,0,0,0,0},{1,0,1,0,0,0,0,1},{1,0,1,0,0,0,1,0},{1,0,1,0,0,0,1,1},{1,0,1,0,0,1,0,0},{1,0,1,0,0,1,0,1},{1,0,1,0,0,1,1,0},{1,0,1,0,0,1,1,1},　//160 ~ 167

{1,0,1,0,1,0,0,0},{1,0,1,0,1,0,0,1},{1,0,1,0,1,0,1,0},{1,0,1,0,1,0,1,1},{1,0,1,0, 1,1,0,0},{1,0,1,0,1,1,0,1},{1,0,1,0,1,1,1,0},{1,0,1,0,1,1,1,1}, //168～175

{1,0,1,1,0,0,0,0},{1,0,1,1,0,0,0,1},{1,0,1,1,0,0,1,0},{1,0,1,1,0,0,1,1},{1,0,1,1, 0,1,0,0},{1,0,1,1,0,1,0,1},{1,0,1,1,0,1,1,0},{1,0,1,1,0,1,1,1}, //176～183

{1,0,1,1,1,0,0,0},{1,0,1,1,1,0,0,1},{1,0,1,1,1,0,1,0},{1,0,1,1,1,0,1,1},{1,0,1,1, 1,1,0,0},{1,0,1,1,1,1,0,1},{1,0,1,1,1,1,1,0},{1,0,1,1,1,1,1,1}, //184～191

{1,1,0,0,0,0,0,0},{1,1,0,0,0,0,0,1},{1,1,0,0,0,0,1,0},{1,1,0,0,0,0,1,1},{1,1,0,0, 0,1,0,0},{1,1,0,0,0,1,0,1},{1,1,0,0,0,1,1,0},{1,1,0,0,0,1,1,1}, //192～199

{1,1,0,0,1,0,0,0},{1,1,0,0,1,0,0,1},{1,1,0,0,1,0,1,0},{1,1,0,0,1,0,1,1},{1,1,0,0, 1,1,0,0},{1,1,0,0,1,1,0,1},{1,1,0,0,1,1,1,0},{1,1,0,0,1,1,1,1}, //200～207

{1,1,0,1,0,0,0,0},{1,1,0,1,0,0,0,1},{1,1,0,1,0,0,1,0},{1,1,0,1,0,0,1,1},{1,1,0,1, 0,1,0,0},{1,1,0,1,0,1,0,1},{1,1,0,1,0,1,1,0},{1,1,0,1,0,1,1,1}, //208～215

{1,1,0,1,1,0,0,0},{1,1,0,1,1,0,0,1},{1,1,0,1,1,0,1,0},{1,1,0,1,1,0,1,1},{1,1,0,1, 1,1,0,0},{1,1,0,1,1,1,0,1},{1,1,0,1,1,1,1,0},{1,1,0,1,1,1,1,1}, //216～223

{1,1,1,0,0,0,0,0},{1,1,1,0,0,0,0,1},{1,1,1,0,0,0,1,0},{1,1,1,0,0,0,1,1},{1,1,1,0, 0,1,0,0},{1,1,1,0,0,1,0,1},{1,1,1,0,0,1,1,0},{1,1,1,0,0,1,1,1}, //224～231

{1,1,1,0,1,0,0,0},{1,1,1,0,1,0,0,1},{1,1,1,0,1,0,1,0},{1,1,1,0,1,0,1,1},{1,1,1,0, 1,1,0,0},{1,1,1,0,1,1,0,1},{1,1,1,0,1,1,1,0},{1,1,1,0,1,1,1,1}, //232～239

{1,1,1,1,0,0,0,0},{1,1,1,1,0,0,0,1},{1,1,1,1,0,0,1,0},{1,1,1,1,0,0,1,1},{1,1,1,1, 0,1,0,0},{1,1,1,1,0,1,0,1},{1,1,1,1,0,1,1,0},{1,1,1,1,0,1,1,1}, //240～247

{1,1,1,1,1,0,0,0},{1,1,1,1,1,0,0,1},{1,1,1,1,1,0,1,0},{1,1,1,1,1,0,1,1},{1,1,1,1, 1,1,0,0},{1,1,1,1,1,1,0,1},{1,1,1,1,1,1,1,0},{1,1,1,1,1,1,1,1}   //248～255

};

// $m=32$ 时，翻转比特的位置。为 1 表示 Values 所对应的位置需要进行比特翻转，即 0 变 1，1 变 0

const unsigned int powoftwo[32] =

{

0x00000001,0x00000002,0x00000004,0x00000008,0x00000010,0x00000020,0x00000040,0x00000080,

0x00000100,0x00000200,0x00000400,0x00000800,0x00001000,0x00002000,0x00004000,0x00008000,

0x00010000,0x00020000,0x00040000,0x00080000,0x00100000,0x00200000,0x00400000,0x00800000,

0x01000000,0x02000000,0x04000000,0x08000000,0x10000000,0x2000000
0,0x40000000,0x80000000

```
};
    unsigned char * WJL_ErrRecovery_Encode_Buff(unsigned char *ucInBuffer,
const unsigned int * unInbufferLen,unsigned int *unOutbufferLen)
    {
        WJL_ERRRECOVERY_ENCODER erEncoder;
        Encode_Init(&erEncoder,ucInBuffer,unInbufferLen);
        Encode_Agent(&erEncoder,ucInBuffer,unInbufferLen);
        Encode_End(&erEncoder);
        *unOutbufferLen = erEncoder.out_buff_size + sizeof(unsigned int);
        erEncoder.out_buff = (unsigned char*)realloc(erEncoder.out_buff,
*unOutbufferLen);
        memcpy(erEncoder.out_buff+erEncoder.out_buff_size,unInbufferLen,sizeof(u
nsigned int));
        return erEncoder.out_buff;
    }
    unsigned char * WJL_ErrRecovery_Decode_Buff(unsigned char * ucInBuffer,
const unsigned int * unInbufferLen,unsigned int *unOutbufferLen,unsigned  int
*unPosErr)
    {
        WJL_ERRRECOVERY_DECODER erDecoder;
        unsigned int unZipBuffLen = *unInbufferLen − sizeof(unsigned int);
        memcpy(unOutbufferLen,ucInBuffer+unZipBuffLen,sizeof(unsigned int));
        ErrRecovery_Init(&erDecoder,ucInBuffer,&unZipBuffLen);
        if (0x00 == ErrRecovery_Agent(&erDecoder,unOutbufferLen,&unZipBuffLen
,unPosErr)){
            Decode_Init(&erDecoder,unOutbufferLen);
            Decode_Agent(&erDecoder,unOutbufferLen);
            return erDecoder.out_buff;
        }
        free(erDecoder.out_buff);
        return NULL;
```

```
}
```

文件名：WJLErrRecoveryEncode.h
```
#ifndef _WJLERRRECOVERYENCODE_H
#define _WJLERRRECOVERYENCODE_H
#include "WJLDefine.h"
void Encode_Init(WJL_ERRRECOVERY_ENCODER *erEncoder,const unsigned char *inbuff,const unsigned int *inbufflen);
void Encode_Agent(WJL_ERRRECOVERY_ENCODER *erEncoder,unsigned char *ucInBuffer,const unsigned int *unInbufferLen);
void Encode_End(WJL_ERRRECOVERY_ENCODER *erEncoder);
#endif
```

文件名：WJLErrRecoveryEncode.c
```
#include "WJLErrRecoveryEncode.h"
void Encode_Init(WJL_ERRRECOVERY_ENCODER *erEncoder,const unsigned char *inbuff,const unsigned int *inbufflen)
{
    erEncoder->RC_SHIFT_BITS = 23;
    erEncoder->RC_MIN_RANGE = 1<<erEncoder->RC_SHIFT_BITS;
    erEncoder->RC_MAX_RANGE = 1<<31;
    erEncoder->donechange = 1.0;
    erEncoder->dzerochange = 1/3.0;
    erEncoder->in_buff = (unsigned char*)inbuff;
    erEncoder->out_buff_size = 0;
    erEncoder->out_buff = (unsigned char*)malloc(*inbufflen*(-log(erEncoder->dzerochange)/log(2.0))+100);
    erEncoder->FLow = erEncoder->RC_MAX_RANGE;
    erEncoder->FRange = erEncoder->RC_MAX_RANGE;
    erEncoder->FDigits = 0;
    erEncoder->FFollow = 0;
}
```

```
    void Encode_UpdateRange(WJL_ERRRECOVERY_ENCODER *erEncoder,
const unsigned char *symbol)
    {
        unsigned int i,High;
        if (1 == *symbol){
            erEncoder->FLow += (unsigned int)(erEncoder->FRange*erEncoder-
>dzerochange);
            return;
        }
        erEncoder->FRange *= erEncoder->dzerochange;
        if(erEncoder->FRange<=erEncoder->RC_MIN_RANGE){
            High = erEncoder->FLow + erEncoder->FRange-1;
            if(erEncoder->FFollow!=0){
                if (High <= erEncoder->RC_MAX_RANGE){
                    erEncoder->out_buff[erEncoder->out_buff_size++] = erEncoder-
>FDigits;
                    for (i = 1; i <= erEncoder->FFollow − 1; i++){
                        erEncoder->out_buff[erEncoder->out_buff_size++] = 0xFF;
                    }
                    erEncoder->FFollow = 0;
                    erEncoder->FLow += erEncoder->RC_MAX_RANGE;
                }else if (erEncoder->FLow >= erEncoder->RC_MAX_RANGE){
                    erEncoder->out_buff[erEncoder->out_buff_size++] = erEncoder-
>FDigits + 1;
                    for (i = 1; i <= erEncoder->FFollow − 1; i++){
                        erEncoder->out_buff[erEncoder->out_buff_size++] = 0x00;
                    }
                    erEncoder->FFollow = 0;
                }else{
                    erEncoder->FFollow++;
                    erEncoder->FLow = (erEncoder->FLow << 8) & (erEncoder->RC_
MAX_RANGE − 1);
                    erEncoder->FRange <<= 8;
```

```
                return;
            }
        }
        if (((erEncoder->FLow^High) & (0xFF << erEncoder->RC_SHIFT_BITS))
== 0){
            erEncoder->out_buff[erEncoder->out_buff_size++] = erEncoder-
>FLow>>erEncoder->RC_SHIFT_BITS;
        }else{
            erEncoder->FLow -= erEncoder->RC_MAX_RANGE;
            erEncoder->FDigits = erEncoder->FLow >> erEncoder->RC_SHIFT_
BITS;
            erEncoder->FFollow = 1;
        }
        erEncoder->FLow = (erEncoder->FLow << 8) & (erEncoder->RC_MAX_
RANGE - 1);
        erEncoder->FRange <<= 8;
    }
}
    void Encode_Agent(WJL_ERRRECOVERY_ENCODER *erEncoder,unsigned
char *ucInBuffer,const unsigned int *unInbufferLen)
    {
    unsigned int i,j;
    unsigned char symbol;
    for (i=0;i<*unInbufferLen;++i){
        for (j=0;j<8;j++){
            symbol = bitOfByteTable[ucInBuffer[i]][j];
            if (0x00 == symbol){
                symbol = 0x01;
                Encode_UpdateRange(erEncoder,&symbol);
            }
            symbol = 0x00;
            Encode_UpdateRange(erEncoder,&symbol);
            symbol = 0x01;
```

```
        Encode_UpdateRange(erEncoder,&symbol);
      }
    }
  }
  void Encode_End(WJL_ERRRECOVERY_ENCODER *erEncoder)
  {
    unsigned int n = 0;
    if (erEncoder->FFollow != 0){
      if (erEncoder->FLow < erEncoder->RC_MAX_RANGE){
        erEncoder->out_buff[erEncoder->out_buff_size++] = erEncoder->FDigits;
        for (n = 1; n <= erEncoder->FFollow − 1; n++){
          erEncoder->out_buff[erEncoder->out_buff_size++] = 0xFF;
        }
      }else{
        erEncoder->out_buff[erEncoder->out_buff_size++] = erEncoder->FDigits + 1;
        for (n = 1; n <= erEncoder->FFollow − 1; n++){
          erEncoder->out_buff[erEncoder->out_buff_size++] = 0x00;
        }
      }
    }
    erEncoder->FLow = erEncoder->FLow << 1;
    n = sizeof(unsigned int)*8;
    do{
      n -= 8;
      erEncoder->out_buff[erEncoder->out_buff_size++] = erEncoder->FLow >> n;
    } while ( n > 0 );
  }
```

文件名：WJLErrRecoveryDecode.h

```
#ifndef _WJLERRRECOVERYDECODE_H
#define _WJLERRRECOVERYDECODE_H
```

```
#include "WJLDefine.h"
void ErrRecovery_Init(WJL_ERRRECOVERY_DECODER *erDecoder,
unsigned char *inbuff,const unsigned int *unInfbuffLen);
unsigned char ErrRecovery_Agent(WJL_ERRRECOVERY_DECODER
*erDecoder, const unsigned int *unOutbufferLen, const unsigned int *unInfbuffLen,
unsigned int *unPosErr);
void Decode_Init(WJL_ERRRECOVERY_DECODER *erDecoder,const
unsigned int *unOutbufferLen);
void Decode_Agent(WJL_ERRRECOVERY_DECODER *erDecoder,const
unsigned int *unOutbufferLen);
#endif
```

文件名: WJLErrRecoveryDecode.c

```
#include "WJLErrRecoveryDecode.h"
#include "string.h"
void ErrRecovery_Init(WJL_ERRRECOVERY_DECODER *erDecoder,
unsigned char *inbuff,const unsigned int *unInfbuffLen)
{
    int n = sizeof(unsigned int)*8;
    erDecoder->RC_SHIFT_BITS = 23;
    erDecoder->RC_MIN_RANGE = 1<<erDecoder->RC_SHIFT_BITS;
    erDecoder->RC_MAX_RANGE = 1<<31;
    erDecoder->FLow = 0;
    erDecoder->FRange = erDecoder->RC_MAX_RANGE;
    // 根据杰林码理论，符号 1 和符号 0 在纠错方法二中加权概率质量函
数分别为 1.0 和 1/3.0
    erDecoder->donechange = 1.0;
    erDecoder->dzerochange = 1/3.0;
    erDecoder->out_buff = NULL;
    erDecoder->out_buff_size = 0;
    erDecoder->in_buff = inbuff;
    erDecoder->in_buff_rest = *unInfbuffLen;
    erDecoder->in_buff_pos = 0;
    do{
```

```
        n -= 8;
        erDecoder->Values = (erDecoder->Values << 8) | erDecoder->in_
buff[erDecoder->in_buff_pos++];
        erDecoder->in_buff_rest--;
    } while(n>0);
    erDecoder->mask = 0x01;
    erDecoder->outByte = 0x00;
    erDecoder->keepBackSymbol = KEEPBACK_NULL;
    }


    unsigned char Decode_GetSymbol(WJL_ERRRECOVERY_DECODER
*erDecoder,unsigned char *ucAppearErr,unsigned char isCheckErr)
    {
    unsigned char symbol;
    unsigned int H0 = erDecoder->FLow,values = erDecoder->Values >> 1;
    if (values < erDecoder->FLow){
        values += erDecoder->RC_MAX_RANGE;
    }
    H0 += (unsigned int)(erDecoder->FRange*erDecoder->dzerochange);
    symbol = values<H0?0:1;
    if (KEEPBACK_NULL == erDecoder->keepBackSymbol){
        erDecoder->keepBackSymbol = (0x00==symbol?KEEPBACK_
ZERO:KEEPBACK_ONE);
    }else if (KEEPBACK_ZERO == erDecoder->keepBackSymbol){
        if (0x00 == symbol){
            *ucAppearErr = 0x01;
        }else{
            erDecoder->mask <<= 1;
            if (0x00 == isCheckErr){
                erDecoder->outByte <<= 1;
                erDecoder->outByte |= 0x01;
            }
            if (0x00 == erDecoder->mask){
```

```
            if (0x00 == isCheckErr){
                erDecoder->out_buff[erDecoder->out_buff_size] = erDecoder-
>outByte;

                erDecoder->outByte = 0x00;
            }
            erDecoder->out_buff_size++;
            erDecoder->mask = 0x01;
        }
        erDecoder->keepBackSymbol = KEEPBACK_NULL;
    }
}else if(KEEPBACK_ONE == erDecoder->keepBackSymbol){
    if (0x00 == symbol){
        erDecoder->keepBackSymbol = KEEPBACK_ONEZERO;
    }else{
        *ucAppearErr = 0x01;
    }
}else{
    if (0x00 == symbol){
        *ucAppearErr = 0x01;
    }else{
        erDecoder->mask <<= 1;
        if (0x00 == isCheckErr){
            erDecoder->outByte <<= 1;
        }
        if (0x00 == erDecoder->mask){
            if (0x00 == isCheckErr){
                erDecoder->out_buff[erDecoder->out_buff_size] = erDecoder-
>outByte;

                erDecoder->outByte = 0x00;
            }
            erDecoder->out_buff_size++;
            erDecoder->mask = 0x01;
        }
```

```
            erDecoder->keepBackSymbol = KEEPBACK_NULL;
        }
    }
    return symbol;
}
    unsigned char Decode_UpdateRange(WJL_ERRRECOVERY_DECODER
*erDecoder,const unsigned char *symbol)
    {
    if (1 == *symbol){
        erDecoder->FLow += (unsigned int)(erDecoder->FRange*erDecoder-
>dzerochange);
        return 0x01;
    }
    erDecoder->FRange *= erDecoder->dzerochange;
    if (erDecoder->FRange <= erDecoder->RC_MIN_RANGE){
        erDecoder->FLow = (erDecoder->FLow << 8) & (erDecoder->RC_MAX_
RANGE - 1);
        erDecoder->FRange <<= 8;
        if (erDecoder->in_buff_rest > 0){
            erDecoder->Values = (erDecoder->Values << 8) | erDecoder->in_
buff[erDecoder->in_buff_pos++];
            erDecoder->in_buff_rest --;
        }
        return 0x00;
    }
    return 0x01;
    }
    unsigned char Detect_Core(WJL_ERRRECOVERY_DECODER *erDecoder,
const unsigned int *unOutbufferLen)
    {
    unsigned char symbol,ucAppearErr=0x00;
    while (1){
```

```
        symbol = Decode_GetSymbol(erDecoder,&ucAppearErr,1);
        if (erDecoder->out_buff_size == *unOutbufferLen){
            return 0x00;
        }
        if (ucAppearErr){
            return 0x01;
        }
        if (0x00 == Decode_UpdateRange(erDecoder,&symbol)){
            return 0x00;
        }
    }
}
unsigned char ErrRecovery_Agent(WJL_ERRRECOVERY_DECODER
*erDecoder,const unsigned int *unOutbufferLen,const unsigned int *unInfbuffLen,
unsigned int *unPosErr)
    {
      do{
          if (0x01 == Detect_Core(erDecoder,unOutbufferLen)){
              return 0x01;
          }
      } while (erDecoder->out_buff_size<*unOutbufferLen);
      return 0x00;
    }
    void Decode_Init(WJL_ERRRECOVERY_DECODER *erDecoder,const
unsigned int *unOutbufferLen)
    {
      unsigned int n = 32;
      erDecoder->out_buff = (unsigned char*)malloc(*unOutbufferLen);
      erDecoder->out_buff_size = 0;
      erDecoder->in_buff_rest = erDecoder->in_buff_pos;
      erDecoder->in_buff_pos = 0;
      erDecoder->FLow = 0;
      erDecoder->FRange = erDecoder->RC_MAX_RANGE;
```

```
    do{
        n -= 8;
        erDecoder->Values = (erDecoder->Values<<8) | erDecoder->in_
buff[erDecoder->in_buff_pos++];
      erDecoder->in_buff_rest--;
    } while(n>0);
    erDecoder->mask = 0x01;
    erDecoder->outByte = 0x00;
    erDecoder->keepBackSymbol = KEEPBACK_NULL;
}
void Decode_Agent(WJL_ERRRECOVERY_DECODER *erDecoder,const
unsigned int *unOutbufferLen)
{
    unsigned char symbol,ucAppearErr=0x00;
    do{
        symbol = Decode_GetSymbol(erDecoder,&ucAppearErr,0);
        Decode_UpdateRange(erDecoder,&symbol);
    } while (erDecoder->out_buff_size < *unOutbufferLen);
}
```

4.6　BPSK 信号 AWGN 信道纠错算法 C/C++ 实现

文件名：WJLDefine.h

```
#ifndef _WJLDEFINE_H
#define _WJLDEFINE_H
#include "stdlib.h"
#include "math.h"
typedef enum{
  KEEPBACK_NULL=0,
  KEEPBACK_ZERO,
  KEEPBACK_ONE,
  KEEPBACK_ONEZERO
```

```
    }KEEPBACK_SYMBOL;
    typedef struct{
      unsigned int RC_SHIFT_BITS;
      unsigned int RC_MAX_RANGE;
      unsigned int RC_MIN_RANGE;
      unsigned char *in_buff;
      unsigned char *out_buff;
      unsigned int out_buff_size;
      unsigned int FLow;
      unsigned int FRange;
      unsigned int FDigits;
      unsigned int FFollow;
      double dzerochange;
      double donechange;
    }WJL_ERRRECOVERY_ENCODER;
    typedef struct{
      unsigned int RC_SHIFT_BITS;
      unsigned int RC_MAX_RANGE;
      unsigned int RC_MIN_RANGE;
      unsigned char *out_buff;
      unsigned int out_buff_size;
      unsigned char *in_buff;
      unsigned int in_buff_rest;
      unsigned int in_buff_pos;
      unsigned int FLow;
      unsigned int FRange;
      unsigned int Values;
      unsigned char mask;
      unsigned char outByte;
      double dzerochange;
      double donechange;
      KEEPBACK_SYMBOL keepBackSymbol;
    }WJL_ERRRECOVERY_DECODER;
```

```
typedef struct{
    unsigned int Values;
    unsigned int FLow;
    unsigned int FRange;
    unsigned int out_buff_size;
    unsigned int in_buff_rest;
    unsigned char mask;
    unsigned int in_buff_pos;
    KEEPBACK_SYMBOL keepBackSymbol;
}TEMP_Values;
extern const unsigned char bitOfByteTable[256][8];
extern const unsigned int powoftwo[32];
#endif
```

文件名：libWJLErrRecoveryCoder.h

```
#ifndef _LIBWJLERRRECOVERYCODER_H
#define _LIBWJLERRRECOVERYCODER_H
#ifdef__cplusplus
extern "C" {
#endif
unsigned char *WJL_ErrRecovery_Encode_Buff(unsigned char *ucInBuffer,
const unsigned int *unInbufferLen,unsigned int *unOutbufferLen);
    unsigned char *WJL_ErrRecovery_Decode_Buff(unsigned char *ucInBuffer,
const unsigned int *unInbufferLen,unsigned int *unOutbufferLen,unsigned int
*unPosErr);
    #ifdef__cplusplus
    }
    #endif
    #endif
```

文件名：WJLErrRecoveryCoder.c

```
#include "libWJLErrRecoveryCoder.h"
#include "libWJLParseFile.h"
#include "WJLErrRecoveryDecode.h"
#include "WJLErrRecoveryEncode.h"
```

```c
#include "string.h"
#include "stdio.h"
const unsigned char bitOfByteTable[256][8]=
{
    {0,0,0,0,0,0,0,0},{0,0,0,0,0,0,0,1},{0,0,0,0,0,0,1,0},{0,0,0,0,0,0,1,1},{0,0,0,0,
0,1,0,0},{0,0,0,0,0,1,0,1},{0,0,0,0,0,1,1,0},{0,0,0,0,0,1,1,1},   //0 ~ 7
    {0,0,0,0,1,0,0,0},{0,0,0,0,1,0,0,1},{0,0,0,0,1,0,1,0},{0,0,0,0,1,0,1,1},{0,0,0,0,
1,1,0,0},{0,0,0,0,1,1,0,1},{0,0,0,0,1,1,1,0},{0,0,0,0,1,1,1,1},   //8 ~ 15
    {0,0,0,1,0,0,0,0},{0,0,0,1,0,0,0,1},{0,0,0,1,0,0,1,0},{0,0,0,1,0,0,1,1},{0,0,0,1,
0,1,0,0},{0,0,0,1,0,1,0,1},{0,0,0,1,0,1,1,0},{0,0,0,1,0,1,1,1},   //16 ~ 23
    {0,0,0,1,1,0,0,0},{0,0,0,1,1,0,0,1},{0,0,0,1,1,0,1,0},{0,0,0,1,1,0,1,1},{0,0,0,1,
1,1,0,0},{0,0,0,1,1,1,0,1},{0,0,0,1,1,1,1,0},{0,0,0,1,1,1,1,1},   //24 ~ 31
    {0,0,1,0,0,0,0,0},{0,0,1,0,0,0,0,1},{0,0,1,0,0,0,1,0},{0,0,1,0,0,0,1,1},{0,0,1,0,
0,1,0,0},{0,0,1,0,0,1,0,1},{0,0,1,0,0,1,1,0},{0,0,1,0,0,1,1,1},   //32 ~ 39
    {0,0,1,0,1,0,0,0},{0,0,1,0,1,0,0,1},{0,0,1,0,1,0,1,0},{0,0,1,0,1,0,1,1},{0,0,1,0,
1,1,0,0},{0,0,1,0,1,1,0,1},{0,0,1,0,1,1,1,0},{0,0,1,0,1,1,1,1},   //40 ~ 47
    {0,0,1,1,0,0,0,0},{0,0,1,1,0,0,0,1},{0,0,1,1,0,0,1,0},{0,0,1,1,0,0,1,1},{0,0,1,1,
0,1,0,0},{0,0,1,1,0,1,0,1},{0,0,1,1,0,1,1,0},{0,0,1,1,0,1,1,1},   //48 ~ 55
    {0,0,1,1,1,0,0,0},{0,0,1,1,1,0,0,1},{0,0,1,1,1,0,1,0},{0,0,1,1,1,0,1,1},{0,0,1,1,
1,1,0,0},{0,0,1,1,1,1,0,1},{0,0,1,1,1,1,1,0},{0,0,1,1,1,1,1,1},   //56 ~ 63
    {0,1,0,0,0,0,0,0},{0,1,0,0,0,0,0,1},{0,1,0,0,0,0,1,0},{0,1,0,0,0,0,1,1},{0,1,0,0,
0,1,0,0},{0,1,0,0,0,1,0,1},{0,1,0,0,0,1,1,0},{0,1,0,0,0,1,1,1},   //64 ~ 71
    {0,1,0,0,1,0,0,0},{0,1,0,0,1,0,0,1},{0,1,0,0,1,0,1,0},{0,1,0,0,1,0,1,1},{0,1,0,0,
1,1,0,0},{0,1,0,0,1,1,0,1},{0,1,0,0,1,1,1,0},{0,1,0,0,1,1,1,1},   //72 ~ 79
    {0,1,0,1,0,0,0,0},{0,1,0,1,0,0,0,1},{0,1,0,1,0,0,1,0},{0,1,0,1,0,0,1,1},{0,1,0,1,
0,1,0,0},{0,1,0,1,0,1,0,1},{0,1,0,1,0,1,1,0},{0,1,0,1,0,1,1,1},   //80 ~ 87
    {0,1,0,1,1,0,0,0},{0,1,0,1,1,0,0,1},{0,1,0,1,1,0,1,0},{0,1,0,1,1,0,1,1},{0,1,0,1,
1,1,0,0},{0,1,0,1,1,1,0,1},{0,1,0,1,1,1,1,0},{0,1,0,1,1,1,1,1},   //88 ~ 95
    {0,1,1,0,0,0,0,0},{0,1,1,0,0,0,0,1},{0,1,1,0,0,0,1,0},{0,1,1,0,0,0,1,1},{0,1,1,0,
0,1,0,0},{0,1,1,0,0,1,0,1},{0,1,1,0,0,1,1,0},{0,1,1,0,0,1,1,1},   //96 ~ 103
    {0,1,1,0,1,0,0,0},{0,1,1,0,1,0,0,1},{0,1,1,0,1,0,1,0},{0,1,1,0,1,0,1,1},{0,1,1,0,
1,1,0,0},{0,1,1,0,1,1,0,1},{0,1,1,0,1,1,1,0},{0,1,1,0,1,1,1,1},   //104 ~ 111
```

{0,1,1,1,0,0,0,0},{0,1,1,1,0,0,0,1},{0,1,1,1,0,0,1,0},{0,1,1,1,0,0,1,1},{0,1,1,1,
0,1,0,0},{0,1,1,1,0,1,0,1},{0,1,1,1,0,1,1,0},{0,1,1,1,0,1,1,1},　//112～119

{0,1,1,1,1,0,0,0},{0,1,1,1,1,0,0,1},{0,1,1,1,1,0,1,0},{0,1,1,1,1,0,1,1},{0,1,1,1,
1,1,0,0},{0,1,1,1,1,1,0,1},{0,1,1,1,1,1,1,0},{0,1,1,1,1,1,1,1},　//120～127

{1,0,0,0,0,0,0,0},{1,0,0,0,0,0,0,1},{1,0,0,0,0,0,1,0},{1,0,0,0,0,0,1,1},{1,0,0,0,
0,1,0,0},{1,0,0,0,0,1,0,1},{1,0,0,0,0,1,1,0},{1,0,0,0,0,1,1,1},　//128～135

{1,0,0,0,1,0,0,0},{1,0,0,0,1,0,0,1},{1,0,0,0,1,0,1,0},{1,0,0,0,1,0,1,1},{1,0,0,0,
1,1,0,0},{1,0,0,0,1,1,0,1},{1,0,0,0,1,1,1,0},{1,0,0,0,1,1,1,1},　//136～143

{1,0,0,1,0,0,0,0},{1,0,0,1,0,0,0,1},{1,0,0,1,0,0,1,0},{1,0,0,1,0,0,1,1},{1,0,0,1,
0,1,0,0},{1,0,0,1,0,1,0,1},{1,0,0,1,0,1,1,0},{1,0,0,1,0,1,1,1},　//144～151

{1,0,0,1,1,0,0,0},{1,0,0,1,1,0,0,1},{1,0,0,1,1,0,1,0},{1,0,0,1,1,0,1,1},{1,0,0,1,
1,1,0,0},{1,0,0,1,1,1,0,1},{1,0,0,1,1,1,1,0},{1,0,0,1,1,1,1,1},　//152～159

{1,0,1,0,0,0,0,0},{1,0,1,0,0,0,0,1},{1,0,1,0,0,0,1,0},{1,0,1,0,0,0,1,1},{1,0,1,0,
0,1,0,0},{1,0,1,0,0,1,0,1},{1,0,1,0,0,1,1,0},{1,0,1,0,0,1,1,1},　//160～167

{1,0,1,0,1,0,0,0},{1,0,1,0,1,0,0,1},{1,0,1,0,1,0,1,0},{1,0,1,0,1,0,1,1},{1,0,1,0,
1,1,0,0},{1,0,1,0,1,1,0,1},{1,0,1,0,1,1,1,0},{1,0,1,0,1,1,1,1},　//168～175

{1,0,1,1,0,0,0,0},{1,0,1,1,0,0,0,1},{1,0,1,1,0,0,1,0},{1,0,1,1,0,0,1,1},{1,0,1,1,
0,1,0,0},{1,0,1,1,0,1,0,1},{1,0,1,1,0,1,1,0},{1,0,1,1,0,1,1,1},　//176～183

{1,0,1,1,1,0,0,0},{1,0,1,1,1,0,0,1},{1,0,1,1,1,0,1,0},{1,0,1,1,1,0,1,1},{1,0,1,1,
1,1,0,0},{1,0,1,1,1,1,0,1},{1,0,1,1,1,1,1,0},{1,0,1,1,1,1,1,1},　//184～191

{1,1,0,0,0,0,0,0},{1,1,0,0,0,0,0,1},{1,1,0,0,0,0,1,0},{1,1,0,0,0,0,1,1},{1,1,0,0,
0,1,0,0},{1,1,0,0,0,1,0,1},{1,1,0,0,0,1,1,0},{1,1,0,0,0,1,1,1},　//192～199

{1,1,0,0,1,0,0,0},{1,1,0,0,1,0,0,1},{1,1,0,0,1,0,1,0},{1,1,0,0,1,0,1,1},{1,1,0,0,
1,1,0,0},{1,1,0,0,1,1,0,1},{1,1,0,0,1,1,1,0},{1,1,0,0,1,1,1,1},　//200～207

{1,1,0,1,0,0,0,0},{1,1,0,1,0,0,0,1},{1,1,0,1,0,0,1,0},{1,1,0,1,0,0,1,1},{1,1,0,1,
0,1,0,0},{1,1,0,1,0,1,0,1},{1,1,0,1,0,1,1,0},{1,1,0,1,0,1,1,1},　//208～215

{1,1,0,1,1,0,0,0},{1,1,0,1,1,0,0,1},{1,1,0,1,1,0,1,0},{1,1,0,1,1,0,1,1},{1,1,0,1,
1,1,0,0},{1,1,0,1,1,1,0,1},{1,1,0,1,1,1,1,0},{1,1,0,1,1,1,1,1},　//216～223

{1,1,1,0,0,0,0,0},{1,1,1,0,0,0,0,1},{1,1,1,0,0,0,1,0},{1,1,1,0,0,0,1,1},{1,1,1,0,
0,1,0,0},{1,1,1,0,0,1,0,1},{1,1,1,0,0,1,1,0},{1,1,1,0,0,1,1,1},　//224～231

{1,1,1,0,1,0,0,0},{1,1,1,0,1,0,0,1},{1,1,1,0,1,0,1,0},{1,1,1,0,1,0,1,1},{1,1,1,0,
1,1,0,0},{1,1,1,0,1,1,0,1},{1,1,1,0,1,1,1,0},{1,1,1,0,1,1,1,1},　//232～239

{1,1,1,1,0,0,0,0},{1,1,1,1,0,0,0,1},{1,1,1,1,0,0,1,0},{1,1,1,1,0,0,1,1},{1,1,1,1,
0,1,0,0},{1,1,1,1,0,1,0,1},{1,1,1,1,0,1,1,0},{1,1,1,1,0,1,1,1}, //240 ～ 247

{1,1,1,1,1,0,0,0},{1,1,1,1,1,0,0,1},{1,1,1,1,1,0,1,0},{1,1,1,1,1,0,1,1},{1,1,1,1,
1,1,0,0},{1,1,1,1,1,1,0,1},{1,1,1,1,1,1,1,0},{1,1,1,1,1,1,1,1}   //248 ～ 255
};
const unsigned int powoftwo[32] =
{

0x00000001,0x00000002,0x00000004,0x00000008,0x00000010,0x0000002
0,0x00000040,0x00000080,

0x00000100,0x00000200,0x00000400,0x00000800,0x00001000,0x0000200
0,0x00004000,0x00008000,

0x00010000,0x00020000,0x00040000,0x00080000,0x00100000,0x0020000
0,0x00400000,0x00800000,

0x01000000,0x02000000,0x04000000,0x08000000,0x10000000,0x2000000
0,0x40000000,0x80000000
};
unsigned char *WJL_ErrRecovery_Encode_Buff(unsigned char *ucInBuffer,
const unsigned int *unInbufferLen,unsigned int *unOutbufferLen)
{

WJL_ERRRECOVERY_ENCODER erEncoder;

unsigned char ucTail[16] = {0xcf,0xbd,0xcf,0xfa,0x03,0xb9,0x5c,0x08,0x15,
0xd1,0x34,0x03,0xfe,0x69,0xc2,0x60};

unsigned int unInbuffLenTmp = *unInbufferLen + 16;

unsigned char *ucInBuffTmp = (unsigned char*)malloc(unInbuffLenTmp);

if (NULL == ucInBuffTmp){

    return NULL;

}

memcpy(ucInBuffTmp,ucInBuffer,*unInbufferLen);

memcpy(ucInBuffTmp+*unInbufferLen,ucTail,16);

Encode_Init(&erEncoder,ucInBuffTmp,&unInbuffLenTmp);

Encode_Agent(&erEncoder,ucInBuffTmp,&unInbuffLenTmp);

free(ucInBuffTmp);

Encode_End(&erEncoder);

```
    *unOutbufferLen = erEncoder.out_buff_size;

    return erEncoder.out_buff;

}

unsigned char *WJL_ErrRecovery_Decode_Buff(unsigned char *ucInBuffer,
const unsigned int *unInbufferLen, unsigned int *unOutbufferLen,unsigned int
*unPosErr)

    {

    WJL_ERRRECOVERY_DECODER erDecoder;

    ErrRecovery_Init(&erDecoder,ucInBuffer,unInbufferLen);

    if (!ErrRecovery_Agent(&erDecoder,unInbufferLen,unPosErr)){

        *unOutbufferLen = erDecoder.out_buff_size;

        Decode_Init(&erDecoder,unOutbufferLen);

        Decode_Agent(&erDecoder,unOutbufferLen);

    }

    *unOutbufferLen -= 16;

    erDecoder.out_buff=(unsigned char*)realloc(erDecoder.out_buff,
*unOutbufferLen);

    return erDecoder.out_buff;

    }
```

文件名：WJLErrRecoveryDecode.h

```
#ifndef _WJLERRRECOVERYDECODE_H

#define _WJLERRRECOVERYDECODE_H

#include "WJLDefine.h"

void ErrRecovery_Init(WJL_ERRRECOVERY_DECODER *erDecoder,
unsigned char *inbuff, const unsigned int *unInfbuffLen);

unsigned char ErrRecovery_Agent(WJL_ERRRECOVERY_DECODER
*erDecoder, const unsigned int *unInfbuffLen,unsigned int *unPosErr);

void Decode_Init(WJL_ERRRECOVERY_DECODER *erDecoder, const
unsigned int *unOutbufferLen);

void Decode_Agent(WJL_ERRRECOVERY_DECODER *erDecoder, const
unsigned int *unOutbufferLen);

#endif
```

文件名: WJLErrRecoveryDecode.c

```
#include "WJLErrRecoveryDecode.h"
#include "string.h"
    void ErrRecovery_Init(WJL_ERRRECOVERY_DECODER *erDecoder,
unsigned char *inbuff, const unsigned int *unInfbuffLen)
    {
        int n = sizeof(unsigned int)*8;
        erDecoder->RC_SHIFT_BITS = 23;
        erDecoder->RC_MIN_RANGE = 1<<erDecoder->RC_SHIFT_BITS;
        erDecoder->RC_MAX_RANGE = 1<<31;
        erDecoder->FLow = 0;
        erDecoder->FRange = erDecoder->RC_MAX_RANGE;
        erDecoder->donechange = 1.0;
        erDecoder->dzerochange = 1/3.0;
        erDecoder->out_buff = NULL;
        erDecoder->out_buff_size = 0;
        erDecoder->in_buff = inbuff;
        erDecoder->in_buff_rest = *unInfbuffLen;
        erDecoder->in_buff_pos = 0;
        do{
            n -= 8;
            erDecoder->Values = (erDecoder->Values << 8) | erDecoder->in_
buff[erDecoder->in_buff_pos++];
            erDecoder->in_buff_rest--;
        } while(n>0);
        erDecoder->mask = 0x01;
        erDecoder->outByte = 0x00;
        erDecoder->keepBackSymbol = KEEPBACK_NULL;
    }
    unsigned char Decode_GetSymbol(WJL_ERRRECOVERY_DECODER
*erDecoder, unsigned char *ucAppearErr,unsigned char isCheckErr)
    {
        unsigned char symbol;
```

```
unsigned int H0 = erDecoder->FLow,values = erDecoder->Values >> 1;
if (values < erDecoder->FLow){
    values += erDecoder->RC_MAX_RANGE;
}
H0 += (unsigned int)(erDecoder->FRange*erDecoder->dzerochange);
symbol = values<H0?0:1;
if (KEEPBACK_NULL == erDecoder->keepBackSymbol){
    erDecoder->keepBackSymbol=(0x00==symbol?KEEPBACK_ZERO:
KEEPBACK_ONE);
    }else if (KEEPBACK_ZERO == erDecoder->keepBackSymbol){
        if (0x00 == symbol){
            *ucAppearErr = 0x01;
        }else{
            erDecoder->mask <<= 1;
            if (0x00 == isCheckErr){
                erDecoder->outByte <<= 1;
                erDecoder->outByte |= 0x01;
            }
            if (0x00 == erDecoder->mask){
                if (0x00 == isCheckErr){
                    erDecoder->out_buff[erDecoder->out_buff_size] = erDecoder-
>outByte;
                    erDecoder->outByte = 0x00;
                }
                erDecoder->out_buff_size++;
                erDecoder->mask = 0x01;
            }
            erDecoder->keepBackSymbol = KEEPBACK_NULL;
        }
    }else if (KEEPBACK_ONE == erDecoder->keepBackSymbol){
        if (0x00 == symbol){
            erDecoder->keepBackSymbol = KEEPBACK_ONEZERO;
        }else{
```

```
                *ucAppearErr = 0x01;
            }
        }else{
            if (0x00 == symbol){
                *ucAppearErr = 0x01;
            }else{
                erDecoder->mask <<= 1;
                if (0x00 == isCheckErr){
                    erDecoder->outByte <<= 1;
                }
                if (0x00 == erDecoder->mask){
                    if (0x00 == isCheckErr){
                        erDecoder->out_buff[erDecoder->out_buff_size] = erDecoder->outByte;
                        erDecoder->outByte = 0x00;
                    }
                    erDecoder->out_buff_size++;
                    erDecoder->mask = 0x01;
                }
                erDecoder->keepBackSymbol = KEEPBACK_NULL;
            }
        }
        return symbol;
    }
    unsigned char Decode_UpdateRange(WJL_ERRRECOVERY_DECODER
*erDecoder,const unsigned char *symbol)
    {
    if (1 == *symbol){
        erDecoder->FLow += (unsigned int)(erDecoder->FRange*erDecoder->dzerochange);
        return 0x01;
    }
    erDecoder->FRange *= erDecoder->dzerochange;
```

```
    if (erDecoder->FRange <= erDecoder->RC_MIN_RANGE){
        erDecoder->FLow = (erDecoder->FLow << 8) & (erDecoder->RC_MAX_
RANGE – 1);
        erDecoder->FRange <<= 8;
        if (erDecoder->in_buff_rest > 0){
            erDecoder->Values = (erDecoder->Values << 8) | erDecoder->in_
buff[erDecoder->in_buff_pos++];
            erDecoder->in_buff_rest --;
            return 0x00;
        }
        return 0x02;
    }
    return 0x01;
}
unsigned char Detect_Core(WJL_ERRRECOVERY_DECODER *erDecoder)
{
    unsigned char symbol,ucAppearErr=0x00,ucRes=0x00;
    while (1){
        symbol = Decode_GetSymbol(erDecoder,&ucAppearErr,1);
        if (ucAppearErr){
            return 0x01;
        }
        ucRes = Decode_UpdateRange(erDecoder,&symbol);
        if (0x01 == ucRes){
            continue;
        }
        return ucRes;
    }
}
unsigned char Detect_Agent(WJL_ERRRECOVERY_DECODER *erDecoder,
unsigned char ucPreCount,short bitPos)
{
    TEMP_Values tValues;
```

```
        unsigned char ucCount = 0x00,ucRes=0x00;
        do{
            ucRes = Detect_Core(erDecoder);
            if (ucRes){
                return ucRes;
            }
            if (ucCount == bitPos/8){
                tValues.Values = erDecoder->Values;
                tValues.FLow = erDecoder->FLow;
                tValues.FRange = erDecoder->FRange;
                tValues.out_buff_size = erDecoder->out_buff_size;
                tValues.mask = erDecoder->mask;
                tValues.in_buff_rest = erDecoder->in_buff_rest;
                tValues.in_buff_pos = erDecoder->in_buff_pos;
                tValues.keepBackSymbol = erDecoder->keepBackSymbol;
            }
            ucCount ++;
        } while (ucCount < ucPreCount);
        if (ucCount == ucPreCount){
            erDecoder->Values = tValues.Values;
            erDecoder->FLow = tValues.FLow;
            erDecoder->FRange = tValues.FRange;
            erDecoder->out_buff_size = tValues.out_buff_size;
            erDecoder->mask = tValues.mask;
            erDecoder->in_buff_rest = tValues.in_buff_rest;
            erDecoder->in_buff_pos = tValues.in_buff_pos;
            erDecoder->keepBackSymbol = tValues.keepBackSymbol;
        }
        return 0x00;
    }
    void Rollback_Core(WJL_ERRRECOVERY_DECODER *erDecoder,TEMP_
Values *tempValues,unsigned char ucBackBits)
    {
```

```
    unsigned char ucDex = 13 − ucBackBits/8;
    erDecoder−>Values = tempValues[ucDex].Values;
    erDecoder−>FLow = tempValues[ucDex].FLow;
    erDecoder−>FRange = tempValues[ucDex].FRange;
    erDecoder−>keepBackSymbol = tempValues[ucDex].keepBackSymbol;
    erDecoder−>mask = tempValues[ucDex].mask;
    erDecoder−>in_buff_rest = tempValues[ucDex].in_buff_rest;
    erDecoder−>out_buff_size = tempValues[ucDex].out_buff_size;
    erDecoder−>in_buff_pos = tempValues[ucDex].in_buff_pos;
  }
    void Rollback_Agent(WJL_ERRRECOVERY_DECODER *erDecoder,TEMP_
Values *tempValues,short bitPos)
  {
    short k;
    for (k=0;k<=13;++k){
        if ((k==0&&tempValues[k].in_buff_pos>=4)
          ||(tempValues[k].in_buff_pos==4)){
            if (bitPos<104−(k−1)*8){
                Rollback_Core(erDecoder,tempValues,bitPos/8*8);
            }else{
                Rollback_Core(erDecoder,tempValues,96−(k−1)*8);
            }
            return;
        }
    }
  }
    void Reverse_Core(unsigned int *values,unsigned char pos)
  {
    ((((*values>>(pos−1))&0x01)==0x00)?(*values += powoftwo[pos−1]):(*values
−= powoftwo[pos−1]);
  }
    void Reverse_Agent(WJL_ERRRECOVERY_DECODER *erDecoder,TEMP_
Values *tempValues,short bitPos)
```

```
    {
        unsigned int unBytePos;
        unsigned char symbol;
        short k;
        if (bitPos < 0){
            unBytePos = tempValues[13].in_buff_pos+(-bitPos-1)/8;
            symbol=bitOfByteTable[erDecoder->in_buff[unBytePos]][(-bitPos-1)%8];
            symbol==0x00?(erDecoder->in_buff[unBytePos] += powoftwo[7-(-
bitPos-1)%8]):(erDecoder->in_buff[unBytePos] -= powoftwo[7-(-bitPos-1)%8]);
            return;
        }
        unBytePos = tempValues[13].in_buff_pos-1-bitPos/8;
        symbol = bitOfByteTable[erDecoder->in_buff[unBytePos]][7-bitPos%8];
        symbol==0x00?(erDecoder->in_buff[unBytePos]+=powoftwo[bitPos%8]):
(erDecoder->in_buff[unBytePos] -= powoftwo[bitPos%8]);
        for (k=0;k<=13;++k){
            if ((k==0&&tempValues[k].in_buff_pos>=4)
              ||(tempValues[k].in_buff_pos==4)){
                if (bitPos<112-k*8){
                    Reverse_Core(&(tempValues[13-bitPos/8].Values),bitPos%8+1);
                }else if (bitPos<120-k*8){
                    Reverse_Core(&(tempValues[k].Values),bitPos%8+9);
                }else if (bitPos<128-k*8){
                    Reverse_Core(&(tempValues[k].Values),bitPos%8+17);
                }else{
                    Reverse_Core(&(tempValues[k].Values),bitPos%8+25);
                }
                return;
            }
        }
    }
    // 29 byte 中纠 1 bit 错误的函数
```

```
unsigned char ErrRecovery_Core_OneErr(WJL_ERRRECOVERY_DECODER
*erDecoder,TEMP_Values *tempValues)
    {
      unsigned char ucPreCount,ucRes=0x00;
      short i;
      for (i=0;i<112;++i){
          Reverse_Agent(erDecoder,tempValues,i);
          Rollback_Agent(erDecoder,tempValues,i);
          ucPreCount=erDecoder->in_buff_rest>=16?16:erDecoder->in_buff_
rest+1;
          ucRes = Detect_Agent(erDecoder,ucPreCount,i);
          if (0x01 == ucRes){
              Reverse_Agent(erDecoder,tempValues,i);
              continue;
          }
          return ucRes;
      }
      return 0x01;
    }
    // 29 byte 中纠 2 bit 错误的函数
    unsigned char ErrRecovery_Core_TwoErr(WJL_ERRRECOVERY_DECODER
*erDecoder,TEMP_Values *tempValues)
    {
      unsigned char ucPreCount,ucRes=0x00;
      short i,j;
      for (i=0;i<112;++i){
          Reverse_Agent(erDecoder,tempValues,i);
          for (j=i-1;j>=-104+i/8*8;--j){
              Reverse_Agent(erDecoder,tempValues,j);
              Rollback_Agent(erDecoder,tempValues,i);
              ucPreCount=erDecoder->in_buff_rest>=16?16:erDecoder->in_buff_
rest+1;
              ucRes = Detect_Agent(erDecoder,ucPreCount,i);
```

```
            if (0x01 == ucRes){
                Reverse_Agent(erDecoder,tempValues,j);
                continue;
            }
            return ucRes;
        }
        Reverse_Agent(erDecoder,tempValues,i);
    }
    return 0x01;
}
```

// 29 byte 中纠 3 bit 错误的函数

```
unsigned char ErrRecovery_Core_ThreeErr(WJL_ERRRECOVERY_DECODER
*erDecoder, TEMP_Values *tempValues)
{
    unsigned char ucPreCount,ucRes=0x00;
    short i,j,l;
    for (i=0;i<112;++i){
        Reverse_Agent(erDecoder,tempValues,i);
        for (j=i-1;j>=-103+i/8*8;--j){
            Reverse_Agent(erDecoder,tempValues,j);
            for (l=j-1;l>=-104+i/8*8;--l){
                Reverse_Agent(erDecoder,tempValues,l);
                Rollback_Agent(erDecoder,tempValues,i);
                ucPreCount=erDecoder->in_buff_rest>=16?16:erDecoder->in_
buff_rest+1;
                ucRes = Detect_Agent(erDecoder,ucPreCount,i);
                if (0x01 == ucRes){
                    Reverse_Agent(erDecoder,tempValues,l);
                    continue;
                }
                return ucRes;
            }
            Reverse_Agent(erDecoder,tempValues,j);
```

```
        }
        Reverse_Agent(erDecoder,tempValues,i);
    }
    return 0x01;
}
// 29 byte 中纠 4 bit 错误的函数
unsigned char ErrRecovery_Core_FourErr(WJL_ERRRECOVERY_DECODER
*erDecoder,TEMP_Values *tempValues)
{
    unsigned char ucPreCount,ucRes=0x00;
    short i,j,l,m;
    for (i=0;i<112;++i){
        Reverse_Agent(erDecoder,tempValues,i);
        for (j=i-1;j>=-102+i/8*8;--j){
            Reverse_Agent(erDecoder,tempValues,j);
            for (l=j-1;l>=-103+i/8*8;--l){
                Reverse_Agent(erDecoder,tempValues,l);
                for (m=l-1;m>=-104+i/8*8;--m){
                    Reverse_Agent(erDecoder,tempValues,m);
                    Rollback_Agent(erDecoder,tempValues,i);
                    ucPreCount=erDecoder->in_buff_rest>=16?16:erDecoder->in_
buff_rest+1;
                    ucRes = Detect_Agent(erDecoder,ucPreCount,i);
                    if (0x01 == ucRes){
                        Reverse_Agent(erDecoder,tempValues,m);
                        continue;
                    }
                    return ucRes;
                }
                Reverse_Agent(erDecoder,tempValues,l);
            }
            Reverse_Agent(erDecoder,tempValues,j);
        }
```

```
                Reverse_Agent(erDecoder,tempValues,i);
    }
    return 0x01;
}
// 29 byte 中纠 5 bit 错误的函数
unsigned char ErrRecovery_Core_FiveErr(WJL_ERRRECOVERY_DECODER
*erDecoder,TEMP_Values *tempValues)
{
    unsigned char ucPreCount,ucRes=0x00;
    short i,j,l,m,n;
    for (i=0;i<112;++i){
        Reverse_Agent(erDecoder,tempValues,i);
        for (j=i-1;j>=-101+i/8*8;--j){
            Reverse_Agent(erDecoder,tempValues,j);
            for (l=j-1;l>=-102+i/8*8;--l){
                Reverse_Agent(erDecoder,tempValues,l);
                for (m=l-1;m>=-103+i/8*8;--m){
                    Reverse_Agent(erDecoder,tempValues,m);
                    for (n=m-1;n>=-104+i/8*8;--n){
                        Reverse_Agent(erDecoder,tempValues,n);
                        Rollback_Agent(erDecoder,tempValues,i);
                        ucPreCount=erDecoder->in_buff_rest>=16?16:erDecoder-
>in_buff_rest+1;
                        ucRes = Detect_Agent(erDecoder,ucPreCount,i);
                        if (0x01 == ucRes){
                            Reverse_Agent(erDecoder,tempValues,n);
                            continue;
                        }
                        return ucRes;
                    }
                    Reverse_Agent(erDecoder,tempValues,m);
                }
                Reverse_Agent(erDecoder,tempValues,l);
```

```
                }
            Reverse_Agent(erDecoder,tempValues,j);
        }
        Reverse_Agent(erDecoder,tempValues,i);
    }
    return 0x01;
}
// 29 byte 中纠 6 bit 错误的函数
unsigned char ErrRecovery_Core_SixErr(WJL_ERRRECOVERY_DECODER
*erDecoder,TEMP_Values *tempValues)
{
    unsigned char ucPreCount,ucRes=0x00;
    short i,j,l,m,n,g;
    for (i=0;i<112;++i) {
        Reverse_Agent(erDecoder,tempValues,i);
        for (j=i−1;j>=−100+i/8*8;−−j){
            Reverse_Agent(erDecoder,tempValues,j);
            for (l=j−1;l>=−101+i/8*8;−−l){
                Reverse_Agent(erDecoder,tempValues,l);
                for (m=l−1;m>=−102+i/8*8;−−m){
                    Reverse_Agent(erDecoder,tempValues,m);
                    for (n=m−1;n>=−103+i/8*8;−−n){
                        Reverse_Agent(erDecoder,tempValues,n);
                        for (g=n−1;g>=−104+i/8*8;−−g){
                            Reverse_Agent(erDecoder,tempValues,g);
                            Rollback_Agent(erDecoder,tempValues,i);
                            ucPreCount=erDecoder−>in_buff_rest>=16?16:erDecoder−
>in_buff_rest+1;
                            ucRes = Detect_Agent(erDecoder,ucPreCount,i);
                            if (0x01 == ucRes){
                                Reverse_Agent(erDecoder,tempValues,g);
                                continue;
                            }
```

```
                        return ucRes;
                    }
                Reverse_Agent(erDecoder,tempValues,n);
                }
            Reverse_Agent(erDecoder,tempValues,m);
            }
        Reverse_Agent(erDecoder,tempValues,l);
        }
        Reverse_Agent(erDecoder,tempValues,j);
    }
    Reverse_Agent(erDecoder,tempValues,i);
}
return 0x01;
}
// 29 byte 中纠 7 bit 错误的函数
unsigned char ErrRecovery_Core_SevenErr(WJL_ERRRECOVERY_DECODER
*erDecoder, TEMP_Values *tempValues)
{
unsigned char ucPreCount,ucRes=0x00;
short i,j,l,m,n,g,h;
for (i=0;i<112;++i){
    Reverse_Agent(erDecoder,tempValues,i);
    for (j=i-1;j>=-99+i/8*8;--j){
        Reverse_Agent(erDecoder,tempValues,j);
        for (l=j-1;l>=-100+i/8*8;--l){
            Reverse_Agent(erDecoder,tempValues,l);
            for (m=l-1;m>=-101+i/8*8;--m){
                Reverse_Agent(erDecoder,tempValues,m);
                for (n=m-1;n>=-102+i/8*8;--n){
                    Reverse_Agent(erDecoder,tempValues,n);
                    for (g=n-1;g>=-103+i/8*8;--g){
                        Reverse_Agent(erDecoder,tempValues,g);
                        for (h=g-1;h>=-104+i/8*8;--h){
```

```
                          Reverse_Agent(erDecoder,tempValues,h);
                          Rollback_Agent(erDecoder,tempValues,i);
                          ucPreCount=erDecoder->in_buff_rest>=16?16:erDecoder-
>in_buff_rest+1;

                          ucRes = Detect_Agent(erDecoder,ucPreCount,i);
                          if (0x01 == ucRes){
                              Reverse_Agent(erDecoder,tempValues,h);
                              continue;
                          }
                          return ucRes;
                        }
                        Reverse_Agent(erDecoder,tempValues,g);
                    }
                    Reverse_Agent(erDecoder,tempValues,n);
                }
                Reverse_Agent(erDecoder,tempValues,m);
            }
            Reverse_Agent(erDecoder,tempValues,l);
        }
        Reverse_Agent(erDecoder,tempValues,j);
    }
    Reverse_Agent(erDecoder,tempValues,i);
  }
  return 0x01;
}
// 29 byte 中纠 8 bit 错误的函数
unsigned char ErrRecovery_Core_EightErr(WJL_ERRRECOVERY_DECODER
*erDecoder, TEMP_Values *tempValues)
{
  unsigned char ucPreCount,ucRes=0x00;
  short i,j,l,m,n,g,h,o;
  for (i=0;i<112;++i){
      Reverse_Agent(erDecoder,tempValues,i);
```

```
    for (j=i-1;j>=-99+i/8*8;--j){
        Reverse_Agent(erDecoder,tempValues,j);
        for (l=j-1;l>=-100+i/8*8;--l){
            Reverse_Agent(erDecoder,tempValues,l);
            for (m=l-1;m>=-101+i/8*8;--m){
                Reverse_Agent(erDecoder,tempValues,m);
                for (n=m-1;n>=-102+i/8*8;--n){
                    Reverse_Agent(erDecoder,tempValues,n);
                    for (g=n-1;g>=-103+i/8*8;--g){
                        Reverse_Agent(erDecoder,tempValues,g);
                        for (h=g-1;h>=-104+i/8*8;--h){
                            Reverse_Agent(erDecoder,tempValues,h);
                            for (o=h-1;o>=-105+i/8*8;--o){
                                Reverse_Agent(erDecoder,tempValues,o);
                                Rollback_Agent(erDecoder,tempValues, i);
                                ucPreCount=erDecoder->in_buff_rest>=16?16:
erDecoder->in_buff_rest+1;

                                ucRes = Detect_Agent(erDecoder,ucPreCount,i);
                                if (0x01 == ucRes){
                                    Reverse_Agent(erDecoder,tempValues,o);
                                    continue;
                                }
                                return ucRes;
                            }
                            Reverse_Agent(erDecoder,tempValues,h);
                        }
                        Reverse_Agent(erDecoder,tempValues,g);
                    }
                    Reverse_Agent(erDecoder,tempValues,n);
                }
                Reverse_Agent(erDecoder,tempValues,m);
            }
            Reverse_Agent(erDecoder,tempValues,l);
```

```
        }
        Reverse_Agent(erDecoder,tempValues,j);
    }
    Reverse_Agent(erDecoder,tempValues,i);
}
return 0x01;
}
```

// 29 byte 中纠 9 bit 错误的函数

```
unsigned char ErrRecovery_Core_NineErr(WJL_ERRRECOVERY_DECODER
*erDecoder,TEMP_Values *tempValues)
{
    unsigned char ucPreCount,ucRes=0x00;
    short i,j,l,m,n,g,h,o,p;
    for (i=0;i<112;++i){
        Reverse_Agent(erDecoder,tempValues,i);
        for (j=i-1;j>=-99+i/8*8;--j){
            Reverse_Agent(erDecoder,tempValues,j);
            for (l=j-1;l>=-100+i/8*8;--l){
                Reverse_Agent(erDecoder,tempValues,l);
                for (m=l-1;m>=-101+i/8*8;--m){
                    Reverse_Agent(erDecoder,tempValues,m);
                    for (n=m-1;n>=-102+i/8*8;--n){
                        Reverse_Agent(erDecoder,tempValues,n);
                        for (g=n-1;g>=-103+i/8*8;--g){
                            Reverse_Agent(erDecoder,tempValues,g);
                            for (h=g-1;h>=-104+i/8*8;--h){
                                Reverse_Agent(erDecoder,tempValues,h);
                                for (o=h-1;o>=-105+i/8*8;--o){
                                    Reverse_Agent(erDecoder,tempValues,o);
                                    for (p=o-1;p>=-106+i/8*8;--p){
                                        Reverse_Agent(erDecoder,tempValues,p);
                                        Rollback_Agent(erDecoder,tempValues,i);
```

```
                                    ucPreCount=erDecoder->in_buff_rest>=16?
16:erDecoder->in_buff_rest+1;
                                    ucRes=Detect_Agent(erDecoder, ucPreCount, i);
                                    if (0x01 == ucRes){
                                        Reverse_Agent(erDecoder,tempValues,p);
                                        continue;
                                    }
                                    return ucRes;
                                }
                                Reverse_Agent(erDecoder,tempValues,o);
                            }
                            Reverse_Agent(erDecoder,tempValues,h);
                        }
                        Reverse_Agent(erDecoder,tempValues,g);
                    }
                    Reverse_Agent(erDecoder,tempValues,n);
                }
                Reverse_Agent(erDecoder,tempValues,m);
            }
            Reverse_Agent(erDecoder,tempValues,l);
        }
        Reverse_Agent(erDecoder,tempValues,j);
    }
    Reverse_Agent(erDecoder,tempValues,i);
}
return 0x01;
}
// 29 byte 中纠 10 bit 错误的函数
unsigned char ErrRecovery_Core_TenErr(WJL_ERRRECOVERY_DECODER
*erDecoder,TEMP_Values *tempValues)
{
unsigned char ucPreCount,ucRes=0x00;
short i,j,l,m,n,g,h,o,p,q;
```

```
for (i=0;i<112;++i){
    Reverse_Agent(erDecoder,tempValues,i);
    for (j=i-1;j>=-99+i/8*8;--j){
        Reverse_Agent(erDecoder,tempValues,j);
        for (l=j-1;l>=-100+i/8*8;--l){
            Reverse_Agent(erDecoder,tempValues,l);
            for (m=l-1;m>=-101+i/8*8;--m){
                Reverse_Agent(erDecoder,tempValues,m);
                for (n=m-1;n>=-102+i/8*8;--n){
                    Reverse_Agent(erDecoder,tempValues,n);
                    for (g=n-1;g>=-103+i/8*8;--g){
                        Reverse_Agent(erDecoder,tempValues,g);
                        for (h=g-1;h>=-104+i/8*8;--h){
                            Reverse_Agent(erDecoder,tempValues,h);
                            for (o=h-1;o>=-105+i/8*8;--o){
                                Reverse_Agent(erDecoder,tempValues,o);
                                for (p=o-1;p>=-106+i/8*8;--p){
                                    Reverse_Agent(erDecoder,tempValues,p);
                                    for (q=p-1;q>=-107+i/8*8;--q){
                                        Reverse_Agent(erDecoder,tempValues,q);
                                        Rollback_Agent(erDecoder,tempValues,i);
                                        ucPreCount=erDecoder->in_buff_rest>=16?
16:erDecoder->in_buff_rest+1;
                                        ucRes=Detect_Agent(erDecoder, ucPreCount, i);
                                        if (0x01 == ucRes){
                                            Reverse_Agent(erDecoder,tempValues,q);
                                            continue;
                                        }
                                        return ucRes;
                                    }
                                    Reverse_Agent(erDecoder,tempValues,p);
                                }
                                Reverse_Agent(erDecoder,tempValues,o);
```

```
                            }
                        Reverse_Agent(erDecoder,tempValues,h);
                    }
                Reverse_Agent(erDecoder,tempValues,g);
            }
            Reverse_Agent(erDecoder,tempValues,n);
        }
        Reverse_Agent(erDecoder,tempValues,m);
    }
    Reverse_Agent(erDecoder,tempValues,l);
        }
        Reverse_Agent(erDecoder,tempValues,j);
    }
    Reverse_Agent(erDecoder,tempValues,i);
    }
    return 0x01;
}
// 29 byte 中纠 11 bit 错误的函数
unsigned char ErrRecovery_Core_ElevenErr(WJL_ERRRECOVERY_DECODER
*erDecoder, TEMP_Values *tempValues)
{
    unsigned char ucPreCount,ucRes=0x00;
    short i,j,l,m,n,g,h,o,p,q,r;
    for (i=0;i<112;++i){
        Reverse_Agent(erDecoder,tempValues,i);
        for (j=i-1;j>=-99+i/8*8;--j){
            Reverse_Agent(erDecoder,tempValues,j);
            for (l=j-1;l>=-100+i/8*8;--l){
                Reverse_Agent(erDecoder,tempValues,l);
                for (m=l-1;m>=-101+i/8*8;--m){
                    Reverse_Agent(erDecoder,tempValues,m);
                    for (n=m-1;n>=-102+i/8*8;--n){
                        Reverse_Agent(erDecoder,tempValues,n);
```

```
for (g=n-1;g>=-103+i/8*8;--g){
    Reverse_Agent(erDecoder,tempValues,g);
    for (h=g-1;h>=-104+i/8*8;--h){
        Reverse_Agent(erDecoder,tempValues,h);
        for (o=h-1;o>=-105+i/8*8;--o){
            Reverse_Agent(erDecoder,tempValues,o);
            for (p=o-1;p>=-106+i/8*8;--p){
                Reverse_Agent(erDecoder,tempValues,p);
                for (q=p-1;q>=-107+i/8*8;--q){
                    Reverse_Agent(erDecoder,tempValues,q);
                    for (r=q-1;r>=-108+i/8*8;--r){
                        Reverse_Agent(erDecoder, tempValues, r);
                        Rollback_Agent(erDecoder,tempValues,i);
                        ucPreCount=erDecoder->in_buff_rest>=
16?16:erDecoder->in_buff_rest+1;
                        ucRes = Detect_Agent(erDecoder,ucPreCount,i);
                        if (0x01 == ucRes)
                        {
                            Reverse_Agent(erDecoder,tempValues,r);
                            continue;
                        }
                        return ucRes;
                    }
                    Reverse_Agent(erDecoder,tempValues,q);
                }
                Reverse_Agent(erDecoder,tempValues,p);
            }
            Reverse_Agent(erDecoder,tempValues,o);
        }
        Reverse_Agent(erDecoder,tempValues,h);
    }
    Reverse_Agent(erDecoder,tempValues,g);
}
```

```
                    Reverse_Agent(erDecoder,tempValues,n);
                  }
                Reverse_Agent(erDecoder,tempValues,m);
              }
            Reverse_Agent(erDecoder,tempValues,l);
          }
        Reverse_Agent(erDecoder,tempValues,j);
      }
    Reverse_Agent(erDecoder,tempValues,i);
  }
  return 0x01;
}
// 29 byte 中纠 12 bit 错误的函数
unsigned char ErrRecovery_Core_TwelveErr(WJL_ERRRECOVERY_DECODER
*erDecoder, TEMP_Values *tempValues)
{
  unsigned char ucPreCount,ucRes=0x00;
  short i,j,l,m,n,g,h,o,p,q,r,s;
  for (i=0;i<112;++i){
    Reverse_Agent(erDecoder,tempValues,i);
    for (j=i-1;j>=-99+i/8*8;--j){
      Reverse_Agent(erDecoder,tempValues,j);
      for (l=j-1;l>=-100+i/8*8;--l){
        Reverse_Agent(erDecoder,tempValues,l);
        for (m=l-1;m>=-101+i/8*8;--m){
          Reverse_Agent(erDecoder,tempValues,m);
          for (n=m-1;n>=-102+i/8*8;--n){
            Reverse_Agent(erDecoder,tempValues,n);
            for (g=n-1;g>=-103+i/8*8;--g){
              Reverse_Agent(erDecoder,tempValues,g);
              for (h=g-1;h>=-104+i/8*8;--h){
                Reverse_Agent(erDecoder,tempValues,h);
                for (o=h-1;o>=-105+i/8*8;--o){
```

```
Reverse_Agent(erDecoder,tempValues,o);
for (p=o-1;p>=-106+i/8*8;--p){
  Reverse_Agent(erDecoder,tempValues,p);
  for (q=p-1;q>=-107+i/8*8;--q){
    Reverse_Agent(erDecoder,tempValues,q);
    for (r=q-1;r>=-108+i/8*8;--r){
      Reverse_Agent(erDecoder,tempValues,r);
      for (s=r-1;s>=-109+i/8*8;--s){
        Reverse_Agent(erDecoder,tempValues,s);
        Rollback_Agent(erDecoder,tempValues,i);
        ucPreCount=erDecoder->in_buff_rest>=16?16: erDecoder->in_buff_rest+1;

        ucRes = Detect_Agent(erDecoder,ucPreCount,i);
        if (0x01 == ucRes){
        Reverse_Agent(erDecoder,tempValues,s);
        continue;
        }
         return ucRes;
        }
        Reverse_Agent(erDecoder, tempValues, r);
       }
      Reverse_Agent(erDecoder, tempValues, q);
      }
     Reverse_Agent(erDecoder,tempValues,p);
    }
    Reverse_Agent(erDecoder,tempValues,o);
   }
   Reverse_Agent(erDecoder,tempValues,h);
  }
  Reverse_Agent(erDecoder,tempValues,g);
 }
 Reverse_Agent(erDecoder,tempValues,n);
}
```

```
            Reverse_Agent(erDecoder,tempValues,m);
         }
       Reverse_Agent(erDecoder,tempValues,l);
     }
    Reverse_Agent(erDecoder,tempValues,j);
   }
   Reverse_Agent(erDecoder,tempValues,i);
 }
 return 0x01;
}
void Init_TempValues(WJL_ERRRECOVERY_DECODER *erDecoder, TEMP_
Values *tempValues)
 {
 TEMP_Values temp;
 temp.Values = 0;
 temp.FLow = 0;
 temp.FRange = 0;
 temp.in_buff_rest = 0;
 temp.out_buff_size = 0;
 temp.mask = 0;
 temp.in_buff_pos = 0;
 temp.keepBackSymbol = KEEPBACK_NULL;
 memcpy(&(tempValues[0]),&temp,sizeof(TEMP_Values));
 memcpy(&(tempValues[1]),&temp,sizeof(TEMP_Values));
 memcpy(&(tempValues[2]),&temp,sizeof(TEMP_Values));
 memcpy(&(tempValues[3]),&temp,sizeof(TEMP_Values));
 memcpy(&(tempValues[4]),&temp,sizeof(TEMP_Values));
 memcpy(&(tempValues[5]),&temp,sizeof(TEMP_Values));
 memcpy(&(tempValues[6]),&temp,sizeof(TEMP_Values));
 memcpy(&(tempValues[7]),&temp,sizeof(TEMP_Values));
 memcpy(&(tempValues[8]),&temp,sizeof(TEMP_Values));
 memcpy(&(tempValues[9]),&temp,sizeof(TEMP_Values));
 memcpy(&(tempValues[10]),&temp,sizeof(TEMP_Values));
```

```
    memcpy(&(tempValues[11]),&temp,sizeof(TEMP_Values));
    memcpy(&(tempValues[12]),&temp,sizeof(TEMP_Values));
    tempValues[13].Values = erDecoder->Values;
    tempValues[13].FLow = erDecoder->FLow;
    tempValues[13].FRange = erDecoder->FRange;
    tempValues[13].in_buff_rest = erDecoder->in_buff_rest;
    tempValues[13].out_buff_size = erDecoder->out_buff_size;
    tempValues[13].mask = erDecoder->mask;
    tempValues[13].in_buff_pos = erDecoder->in_buff_pos;
    tempValues[13].keepBackSymbol = erDecoder->keepBackSymbol;
}
void Update_TempValues(WJL_ERRRECOVERY_DECODER *erDecoder,
TEMP_Values *tempValues)
{
    memcpy(&(tempValues[0]),&(tempValues[1]),sizeof(TEMP_Values));
    memcpy(&(tempValues[1]),&(tempValues[2]),sizeof(TEMP_Values));
    memcpy(&(tempValues[2]),&(tempValues[3]),sizeof(TEMP_Values));
    memcpy(&(tempValues[3]),&(tempValues[4]),sizeof(TEMP_Values));
    memcpy(&(tempValues[4]),&(tempValues[5]),sizeof(TEMP_Values));
    memcpy(&(tempValues[5]),&(tempValues[6]),sizeof(TEMP_Values));
    memcpy(&(tempValues[6]),&(tempValues[7]),sizeof(TEMP_Values));
    memcpy(&(tempValues[7]),&(tempValues[8]),sizeof(TEMP_Values));
    memcpy(&(tempValues[8]),&(tempValues[9]),sizeof(TEMP_Values));
    memcpy(&(tempValues[9]),&(tempValues[10]),sizeof(TEMP_Values));
    memcpy(&(tempValues[10]),&(tempValues[11]),sizeof(TEMP_Values));
    memcpy(&(tempValues[11]),&(tempValues[12]),sizeof(TEMP_Values));
    memcpy(&(tempValues[12]),&(tempValues[13]),sizeof(TEMP_Values));
    tempValues[13].Values = erDecoder->Values;
    tempValues[13].FLow = erDecoder->FLow;
    tempValues[13].FRange = erDecoder->FRange;
    tempValues[13].keepBackSymbol = erDecoder->keepBackSymbol;
    tempValues[13].mask = erDecoder->mask;
```

```
    tempValues[13].in_buff_rest = erDecoder->in_buff_rest;
    tempValues[13].out_buff_size = erDecoder->out_buff_size;
    tempValues[13].in_buff_pos = erDecoder->in_buff_pos;
}
unsigned char ErrRecovery_Agent(WJL_ERRRECOVERY_DECODER
*erDecoder,const unsigned int *unInfbuffLen,unsigned int *unPosErr)
{
unsigned char ucRes = 0x00;
TEMP_Values tempValues[14];
Init_TempValues(erDecoder,tempValues);
do{
    ucRes = Detect_Core(erDecoder);
    if (0x00 == ucRes){
        Update_TempValues(erDecoder,tempValues);
        continue;
    }
    if (0x02 == ucRes){
        return 0x00;
    }
```
// 首先遍历 1 bit 错误的，若无法纠正则遍历 2 bit 错误的，依次类推到遍历 12 bit 错误的情形
```
    ucRes = ErrRecovery_Core_OneErr(erDecoder,tempValues);
    if (0x01 == ucRes){
      ucRes = ErrRecovery_Core_TwoErr(erDecoder,tempValues);
      if (0x01 == ucRes){
        ucRes = ErrRecovery_Core_ThreeErr(erDecoder,tempValues);
        if (0x01 == ucRes){
          ucRes = ErrRecovery_Core_FourErr(erDecoder,tempValues);
          if (0x01 == ucRes){
            ucRes = ErrRecovery_Core_FiveErr(erDecoder,tempValues);
            if (0x01 == ucRes){
              ucRes = ErrRecovery_Core_SixErr(erDecoder,tempValues);
              if (0x01 == ucRes){
```

```
            ucRes = ErrRecovery_Core_SevenErr(erDecoder,tempValues);
            if (0x01 == ucRes){
                ucRes = ErrRecovery_Core_EightErr(erDecoder,tempValues);
                if (0x01 == ucRes){
                    ucRes=ErrRecovery_Core_NineErr(erDecoder, tempValues);
                    if (0x01 == ucRes){
                        ucRes = ErrRecovery_Core_TenErr(erDecoder,
tempValues);
                        if (0x01 == ucRes){
                            ucRes=ErrRecovery_Core_Eleven
Err(erDecoder, tempValues);
                            if (0x01 == ucRes){
                                ucRes=ErrRecovery_Core_Twelve
Err(erDecoder, tempValues);
                            }
                        }
                    }
                }
            }
        }
    }
} while (!ucRes);
if (0x01 == ucRes){
    (tempValues[13].in_buff_rest + 13<=*unInfbuffLen)?(*unPosErr=
*unInfbuffLen-tempValues[13].in_buff_rest-13):(*unPosErr = 0);
    return 0x01;
}
return 0x00;
}
```

```
    void Decode_Init(WJL_ERRRECOVERY_DECODER *erDecoder, const
unsigned int *unOutbufferLen)
    {
        unsigned int n = 32;
        erDecoder->out_buff = (unsigned char*)malloc(*unOutbufferLen);
        erDecoder->out_buff_size = 0;
        erDecoder->in_buff_rest = erDecoder->in_buff_pos;
        erDecoder->in_buff_pos = 0;
        erDecoder->FLow = 0;
        erDecoder->FRange = erDecoder->RC_MAX_RANGE;
        do{
            n -= 8;
            erDecoder->Values = (erDecoder->Values<<8) | erDecoder->in_
buff[erDecoder->in_buff_pos++];
            erDecoder->in_buff_rest--;
        } while(n > 0);
        erDecoder->mask = 0x01;
        erDecoder->outByte = 0x00;
        erDecoder->keepBackSymbol = KEEPBACK_NULL;
    }
    void Decode_Agent(WJL_ERRRECOVERY_DECODER *erDecoder,const
unsigned int *unOutbufferLen)
    {
        unsigned char symbol,ucAppearErr=0x00;
        do{
            symbol = Decode_GetSymbol(erDecoder,&ucAppearErr,0);
            Decode_UpdateRange(erDecoder,&symbol);
        } while (erDecoder->out_buff_size < *unOutbufferLen);
    }
```

文件名: WJLErrRecoveryEncode.h

```
    #ifndef _WJLERRRECOVERYENCODE_H
    #define _WJLERRRECOVERYENCODE_H
    #include "WJLDefine.h"
```

void Encode_Init(WJL_ERRRECOVERY_ENCODER *erEncoder,const unsigned char *inbuff,const unsigned int *inbufflen);

　　void Encode_Agent(WJL_ERRRECOVERY_ENCODER *erEncoder,unsigned char *ucInBuffer,const unsigned int *unInbufferLen);

　　void Encode_End(WJL_ERRRECOVERY_ENCODER *erEncoder);

　　#endif

文件名：WJLErrRecoveryEncode.c

#include "WJLErrRecoveryEncode.h"

　　void Encode_Init(WJL_ERRRECOVERY_ENCODER *erEncoder,const unsigned char *inbuff,const unsigned int *inbufflen)

```
    {
      erEncoder->RC_SHIFT_BITS = 23;
      erEncoder->RC_MIN_RANGE = 1<<erEncoder->RC_SHIFT_BITS;
      erEncoder->RC_MAX_RANGE = 1<<31;
      erEncoder->donechange = 1.0;
      erEncoder->dzerochange = 1/3.0;
      erEncoder->in_buff = (unsigned char*)inbuff;
      erEncoder->out_buff_size = 0;
      erEncoder->out_buff = (unsigned char*)malloc(*inbufflen*(-log(erEncoder->dzerochange)/log(2.0))+100);
      erEncoder->FLow = erEncoder->RC_MAX_RANGE;
      erEncoder->FRange = erEncoder->RC_MAX_RANGE;
      erEncoder->FDigits = 0;
      erEncoder->FFollow = 0;
    }
    void Encode_UpdateRange(WJL_ERRRECOVERY_ENCODER *erEncoder,
const unsigned char *symbol)
    {
      unsigned int i,High;
      if (1 == *symbol){
          erEncoder->FLow += (unsigned int)(erEncoder->FRange*erEncoder->dzerochange);
          return;
```

```
        }
    erEncoder->FRange *= erEncoder->dzerochange;
    if(erEncoder->FRange<=erEncoder->RC_MIN_RANGE){
        High = erEncoder->FLow + erEncoder->FRange-1 ;
        if(erEncoder->FFollow!=0){
            if (High <= erEncoder->RC_MAX_RANGE) {
                erEncoder->out_buff[erEncoder->out_buff_size++] = erEncoder-
>FDigits;
                for (i = 1; i <= erEncoder->FFollow − 1; i++){
                    erEncoder->out_buff[erEncoder->out_buff_size++] = 0xFF;
                }
                erEncoder->FFollow = 0;
                erEncoder->FLow += erEncoder->RC_MAX_RANGE;
            } else if (erEncoder->FLow >= erEncoder->RC_MAX_RANGE){
                erEncoder->out_buff[erEncoder->out_buff_size++] = erEncoder-
>FDigits + 1;
                for (i = 1; i <= erEncoder->FFollow − 1; i++){
                    erEncoder->out_buff[erEncoder->out_buff_size++] = 0x00;
                }
                erEncoder->FFollow = 0;
            } else{
                erEncoder->FFollow++;
                erEncoder->FLow = (erEncoder->FLow << 8) & (erEncoder->RC_
MAX_RANGE − 1);
                erEncoder->FRange <<= 8;
                return;
            }
        }
        if (((erEncoder->FLow^High) & (0xFF << erEncoder->RC_SHIFT_BITS))
== 0){
            erEncoder->out_buff[erEncoder->out_buff_size++] = erEncoder-
>FLow>>erEncoder->RC_SHIFT_BITS;
        }else{
```

```
        erEncoder->FLow -= erEncoder->RC_MAX_RANGE;
        erEncoder->FDigits = erEncoder->FLow >> erEncoder->RC_SHIFT_
BITS;
        erEncoder->FFollow = 1;
    }
    erEncoder->FLow = (erEncoder->FLow << 8) & (erEncoder->RC_MAX_
RANGE - 1);
        erEncoder->FRange <<= 8;
    }
}
    void Encode_Agent(WJL_ERRRECOVERY_ENCODER *erEncoder,unsigned
char *ucInBuffer,const unsigned int *unInbufferLen)
    {
    unsigned int i,j;
    unsigned char symbol;
    for (i=0;i<*unInbufferLen;++i){
        for (j=0;j<8;j++){
            symbol = bitOfByteTable[ucInBuffer[i]][j];
            if (0x00 == symbol){
                symbol = 0x01;
                Encode_UpdateRange(erEncoder,&symbol);
            }
            symbol = 0x00;
            Encode_UpdateRange(erEncoder,&symbol);
            symbol = 0x01;
            Encode_UpdateRange(erEncoder,&symbol);
        }
    }
}
    void Encode_End(WJL_ERRRECOVERY_ENCODER *erEncoder)
    {
    unsigned int n = 0;
    if (erEncoder->FFollow != 0) {
```

◆杰林码原理及应用

```
        if (erEncoder->FLow < erEncoder->RC_MAX_RANGE){
            erEncoder->out_buff[erEncoder->out_buff_size++] = erEncoder-
>FDigits;
            for (n = 1; n <= erEncoder->FFollow − 1; n++)
            {
                erEncoder->out_buff[erEncoder->out_buff_size++] = 0xFF;
            }
        } else {
            erEncoder->out_buff[erEncoder->out_buff_size++] = erEncoder-
>FDigits + 1;
            for (n = 1; n <= erEncoder->FFollow − 1; n++){
                erEncoder->out_buff[erEncoder->out_buff_size++] = 0x00;
            }
        }
    }
    erEncoder->FLow = erEncoder->FLow << 1;
    n = sizeof(unsigned int)*8;
    do{
        n −= 8;
        erEncoder->out_buff[erEncoder->out_buff_size++] = erEncoder->FLow
>> n;
    } while ( n > 0 );
}
```

文件名：libWJLParseFile.h

```
#ifndef _LIBWJLPARSEBMP_H
#define _LIBWJLPARSEBMP_H
#ifdef__cplusplus
extern "C" {
#endif
int WJL_MemoryToFile(const char* szFilePath,const unsigned char* szData,
const unsigned int *ulLen);
    unsigned char* WJL_FileToMemory(const char* szFilePath,unsigned int*
ulLen);
```

```
#ifdef __cplusplus
}
#endif
#endif
```

文件名: WJLParseFile.c

```
#include "libWJLParseFile.h"
#include "malloc.h"
#include "stdio.h"
int WJL_MemoryToFile( const char *szFilePath,const unsigned char *szData,
const unsigned int *ulLen )
    {
    FILE *pOut;
    if (NULL == szFilePath || NULL == szData || NULL == ulLen){
        return −1;
    }
    pOut = fopen(szFilePath,"wb");
    if (NULL == pOut){
        return 1;
    }
    fwrite(szData,*ulLen,1,pOut);
    fclose(pOut);
    return 0;
    }
    unsigned char* WJL_FileToMemory( const char* szFilePath,unsigned int*
ulLen )
    {
    FILE* pOut;
    unsigned char *szBuffer;
    if (NULL == szFilePath || NULL == ulLen){
        return NULL;
    }
    pOut = NULL;
```

```
    szBuffer = NULL;
    *ulLen = 0;
    pOut = fopen(szFilePath,"rb");
    if (NULL == pOut){
        return NULL;
    }
    fseek (pOut,0,SEEK_END);
    *ulLen = ftell(pOut);
    szBuffer = (unsigned char*)malloc(*ulLen);
    if (NULL == szBuffer){
        fclose(pOut);
        return NULL;
    }
    fseek (pOut,0,SEEK_SET);
    fread(szBuffer,*ulLen,1,pOut);
    fclose(pOut);
    return szBuffer;
}
```

4.7　行业应用及优势

4.7.1　错误校验算法（检错重传）

通信过程中进行错误校验的编码方法主要有奇偶校验、海明校验、循环冗余码等，这些方法均是采用增加纠错元或校验位的方式实现错误校验的，且有码长限制，码率较低，检错成本很高。比如，若用循环冗余码对 12 比特检错增加 4 比特的校验码，码率为 12/（12+4）=0.75。此类码主要应用领域有 CD/DVD、语音 / 视频等多媒体设备，机械 / 固态硬盘、U 盘、缓存等存储设备的 I/O 硬件接口，光纤通信设备、双绞线和同轴电缆通信、总线数据校验、射频芯片和基带芯片等。在这些领域中信道相对比较可靠，因使用纠错码成本过高，所以大多使用检错重传方式。下面分析了两个典型的应用场景。

1. 光电转换器

光电转换器可将光信号转为电信号，以华为、中兴通讯为代表的国内光通信系统设备商在光传输设备、无线通信设备等方面已经迎头赶上国际先进水平，市场份额位居全球前列，但在光电子器件方面，国内的系统设备商还严重依赖国外厂商，尤其是高端的核心器件，如高速（40 Gbit/s，100 Gbit/s）光收发合一模块、可重构光分插复用设备（ROADM）等完全依赖进口，阵列波导光栅（AWG）尽管可以在国内封装生产，但芯片也依赖进口。而此类芯片的核心有两部分，一个是光信号的调制解调器，另一个是检错重传和前向纠错算法，目前两部分均采用了国外的技术和芯片。如果没有算法，则所有的错误判断需要在应用层进行。比如，当一个网页打不开时，一方面可能因为没有网络，另一方面可能因为数据在不停的重新请求（应用层的请求将涉及更多的设备，比如路由器、服务器、终端），而且每次请求 1 kB 的数据在网络上实际传输的是 1.33 kB 的数据（0.33 kB 是用来判断 1.33 kB 数据是否存在错误的冗余数据），这意味着能量消耗巨大，同时用户体验十分不友好。于是，算法的优越性直接决定了产品的优越性，即用最少的资源检查出传输的错误。产品的优越性直接决定了其市场的价值。

2. 硬盘中的纠错算法

固态硬盘受材料和"存储放大"等的影响会在一定环境下存在数据丢失或数据获取错误等问题。在我国，硬盘市场规模巨大，硬盘输入输出主控芯片须用到检错重传和前向纠错算法，而其中常用的 CRC、LDPC 等算法理论均来源于国外，技术和芯片也依赖进口。同样，优良的算法可以用最小的资源实现检错，这就意味着提高了硬盘的存储量。

优势：本章提出的方法采用极低的成本实现完整检错，即码长足够长，码率趋近于 1 时，该方法可实现 100% 检错。实验证明，大于 1024 bit 的数据块，码率为 0.997 113 或 0.999 711 5 时能 100% 检验数据块中的错误。纠错成本降低的价值体现在传输和运算功耗降低上。

4.7.2　前向纠错算法

在高速实时数据传输领域中，因信道不稳定或受到干扰，数据在传输时经常出现错误，尤其在无线射频、雷达、红外和水下无线传输领域。目前 3G/4G/5G 标准中使用的是 LDPC、Turbo（该码在 5G 标准中已经放弃）、Polar 三种差错控制码或纠错码。在 LTE 中，控制信道的目标误块率（BLER）为 1%，数据信道的目标误块率为 10%。当目标误块率不超过 10% 时，UE 将向

eNodeB 上报它所能解码的最高 MCS。LTE 在无 HARQ 重传情况下误块率指标为 10%，加入 HARQ 重传后误帧率（FER）大概为 1%，再加上 RLC 层的 ARQ 后性能提升到 10^{-5} 数量级。

（1）通信领域在我国已是万亿级的市场，而通信的基础技术之一就是检错纠错算法。目前，我国没有自主研发的信道检错纠错码算法，我国研究主要集中在优化和改进上；目前在实验上 Polar 码和 LDPC 码均无法达到香农极限，但离香农极限已经很近了。优越的信道编码算法可以实现节能降耗，最主要的是可以带来更好的用户体验感。

（2）我国卫星、军事通讯模块中的检错纠错算法采用的也是国外的技术，卫星和军用均需要更可靠的数据传输，尤其是卫星，地外干扰非常严重，重传率高就意味着在燃烧卫星的使用时间，所以更可靠的纠错算法可以延长卫星的使用时间，同时提高传输能力。

（3）蓝牙、WiFi 是 2.4 GHz 和 5 GHz 频段上的传输协议，其中必须使用检错纠错算法，目前使用的主要有 CRC、RS 以及 LDPC 码。同上面的分析，蓝牙和 WiFi 属于无线电传输，干扰或隔墙等都可造成数据错误，进而造成重传，使网速降低。

优点：本章给出的纠错算法，在 BSC 信道、BEC 信道、AWGN 信道下，当数据块大小为 8 kbit，信道的信噪比为 1 dB 及以上，且比特率为 1/2 和 1/1.584 962 5 时，纠错译码后误比特率（BER）为 0，误块率（BLER）为 0，可根据信道特征调整比特率。本章的纠错算法是线性编码方法，同一算法具备检错和纠错功能。该算法可以根据信道情况自动提升纠错率，也可设置阈值自动重传，且仅需要重传 96 bit，接收到 218 bit 开始纠错译码。以码率 1/1.584 962 5 为例，该算法比 Polar 码和 LDPC 码纠错能力强，误比特率低，且重传率为 10^{-23}。

4.8　章结

本章提出了一种新的信道检错纠错思路，并给出具体方法。因为方法种类众多，所以本章例举了两种方法，分别对应于不同的码率和译码错误概率，通过证明可达到信道容量。两种方法简单，易于软硬件实现。可自适应于信道的干扰情况，通过增大 e 的值提高纠错率。控制 e 的大小可构造前向纠错与数据校验重传一体的信道编码方法。4.2 节中的加权模型编码也是信源编码，未来可构造具备信源和信道双重编码的算法。

第5章 加权模型对称加密算法

本章讨论了利用扩张模型构建出近熵对称加密编码，并给出了具体的编译码步骤。加权概率模型利用权系数对二进制序列或字节序列进行无损编码，权系数可被视为一种对称加密的密钥，即权系数完全相同则密文可被解码，否则不可被解码。在无损编码条件下，理论上权系数存在无穷多种可能值，所以权系数可作为随机密钥，不同的权系数也可以用于多次迭代加密。

本章所介绍的加权概率模型对称加密算法基于三个方面进行设计：线性加密、分段加密和迭代加密。而迭代加密仅将上一次加密的结果进行迭代编码，破解难度更大，本章将不做具体分析。

5.1 线性对称加密

例 5.1 设二进制序列 X 为 11001010001111010111111100000011，共 32 bit。用户输入六位数字密钥为 123456，分别设计出收缩模型和扩张模型针对 X 的加解过程。

5.1.1 收缩模型线性加密

首先，统计出符号 0 和符号 1 的概率并给出信息熵，$p(0)=\dfrac{14}{32}=0.437\,5$，$p(0)=\dfrac{14}{32}=0.437\,5$，$p(1)=\dfrac{18}{32}=0.562\,5$，得出熵为 $H(X)=-0.437\,5\times\log_2 0.437\,5$ $-0.562\,5\times\log_2 0.562\,5=0.988\,699\,4(\text{bit})$。根据定理 1.1，当权系数 r 小于 1 时加权概率模型可无损编解码。

于是，在收缩模型下加密编码时，一方面需要满足 $r<1$，另一方面需要将六位数字密钥 123456 嵌入，使不同的数字密钥加密后的密文不同。并且当 r 趋近于 1 时，收缩模型编码后的结果趋近于信息熵。

设 $r=0.999$，将数字密钥 123456 嵌入到 r 后，$r=0.999\,123\,456$，则数字密钥不同，r 也就不同，于是收缩模型编码后的结果也不同。根据公式（2–3）可得，$H(X,r)=-0.437\,5\times\log_2\left(0.437\,5\times0.999\,123\,456\right)-0.562\,5\times\log_2\left(0.562\,5\times0.999\,123\,456\right)=0.989\,964\,5(\text{bit})$，显然 $H(X,r)$ 趋近于 $H(X)$，密文的比特长度为 $0.989\,964\,5\times32$，即 31.68 bit（由于 bit 是不可切割的最小单元，因此实际为 32 bit）。此时，收缩模型编译码方法同时实现了无损压缩和对称加密。

收缩模型的线性加密步骤如下。

步骤 1：设 $R_0=1$，$L_0=0$，$i=1$；$Len=50$（Len 为预处理后待编码的序列长度）；$V=0$（V 为编码结果 L_{50}）；序列 X 中符号 0 和符号 1 的概率分别为 $p(0)$，$p(1)$。

步骤 2：将数字密钥嵌入权系数 r，设嵌入密码后 $r=0.999\,123\,456$，其中 123456 为数字密钥。

步骤 3：编码第 i 个符号，若第 i 个符号为符号 0，则进入步骤 4；若第 i 个符号为符号 1，则进入步骤 5。

步骤 4：根据公式（1–14）计算 R_i 和 L_i 的值，$R_i=R_{i-1}rp(0)$，因 $F(x_i-1)=0$，所以 $L_i=L_{i-1}$；循环变量 i 加 1，即 $i=i+1$；进入步骤 6。

步骤 5：根据公式（1–14）计算 R_i 和 L_i 的值，$R_i=R_{i-1}rp(0)$，因 $F(x_i-1)=p(0)$，所以 $L_i=L_{i-1}+R_{i-1}rp(0)$；循环变量 i 加 1，即 $i=i+1$；进入步骤 4 多编码 1 个符号 0。

步骤 6：判断，若 $i\leqslant Len$，则返回步骤 3 编码下一个符号；若 $i>Len$，结束编码，输出 $V=L_{Len}$，$p(0)$ 和 Len（V、$p(0)$、Len 为密文数据）。

收缩模型的线性解密步骤如下。

步骤 1：初始化参数，设 $R_0=1$，$L_0=0$，$i=1$；获取密文中的 Len、V 和 $p(0)$；$r=0.999$ 为已知。

步骤 2：用户输入数字密钥 123456，并将密钥嵌入 r，得到 $r=0.999\,123\,456$。

步骤 3：根据公式（1–14）给出第 i 个符号可能的概率区间：符号 0 区间 $U_i^0=\left[L_{i-1},L_{i-1}+rp(0)R_{i-1}\right)$，符号 1 区间 $U_i^1=\left[L_{i-1}+rp(0)R_{i-1},L_{i-1}+r\right)$，进入步骤 4。

步骤 4：判断 V 所属区间，若 $V\in U_i^0$，输出符号 0；若 $V\in U_i^1$，输出符号 1，进入步骤 5。

步骤 5：$i = i+1$；若 $i \leqslant Len$，则返回步骤 3 译码下一个符号；若 $i > Len$，进入步骤 6。

步骤 6：译码完成。

5.1.2　扩张模型线性加密

首先，统计出符号 0 和符号 1 的概率并给出信息熵，$p(0) = \dfrac{14}{32} = 0.437\,5$，$p(1) = \dfrac{18}{32} = 0.562\,5$。根据扩张模型的要求，设 $t = 1$，则每个符号 1 后增加一个符号 0，于是 X_i^- 为 10100010010000101010100100101010101010100000001010。

然后，将 $p(0)$ 代入公式（1-20）得 $r_{\max} = 1.314\,2$。接着，将数字密钥 123456 嵌入 $r_{\max}$，得 $r_{\max} = 1.314\,112\,345\,6$。根据公式（2-3）可得，$H(X, r) = -0.437\,5 \times \log_2(0.437\,5 \times 1.314\,112\,345\,6) - 0.562\,5 \times \log_2(0.562\,5 \times 1.314\,112\,345\,6) = 0.594\,511\,(\text{bit})$，于是密文比特长度为 $0.594\,511 \times 50$，即 $29.725\,55$ bit（由于 bit 是不可切割的最小单元，所以实际为 30 bit）。显然，扩张模型的预处理过程使数据变长，但编码结果相较于原序列 X 仍具有压缩效果。

扩张模型的线性加密步骤如下。

步骤 1：设 $R_0 = 1$，$L_0 = 0$，$i = 1$；$Len = 50$（Len 为预处理后待编码的序列长度）；$V = 0$（V 为编码结果 L_{50}）；序列 X 中符号 0 和符号 1 的概率分别为 $p(0)$，$p(1)$。

步骤 2：将 $p(0)$ 代入（1-20）得 $r_{\max}$ 的前 m 位小数（一般 $m = 3, 4, 5$），将用户的数字密钥嵌入到 $r_{\max}$ 的第 $m+1$ 位小数以后得到权系数 r，并确保 $r \leqslant r_{\max}$。

步骤 3：编码第 i 个符号，若第 i 个符号为符号 0，则进入步骤 4；若第 i 个符号为符号 1，则进入步骤 5。

步骤 4：根据公式（1-14）计算 R_i 和 L_i 的值，$R_i = R_{i-1}rp(0)$，因 $F(x_i - 1) = 0$，所以 $L_i = L_{i-1}$；循环变量 i 加 1，即 $i = i+1$；进入步骤 6。

步骤 5：根据公式（1-14）计算 R_i 和 L_i 的值，$R_i = R_{i-1}rp(0)$，因 $F(x_i - 1) = p(0)$，$L_i = L_{i-1} + R_{i-1}rp(0)$；循环变量 i 加 1，即 $i = i+1$；进入步骤 4 多编码 1 个符号 0。

步骤 6：判断，若 $i \leqslant Len$，则返回步骤 3 编码下一个符号；若 $i > Len$，结束编码，输出 $V = L_{Len}$，$p(0)$ 和 Len（V、$p(0)$、Len 为密文数据）。

扩张模型的线性解密步骤如下。

步骤 1：初始化参数，设$R_0=1$，$L_0=0$，$i=1$；获取密文中的Len，V和$p(0)$；$r=0.999$为已知。

步骤 2：将$p(0)$代入（1-20）得r_{max}的前m位小数（m的值须和加密过程一致），将用户的数字密钥嵌入到r_{max}的第$m+1$位小数以后得到权系数r，并确保$r\leqslant r_{max}$。

步骤 3：根据公式（1-14）给出第i个符号可能的概率区间：符号 0 区间$U_i^0=\left[L_{i-1},L_{i-1}+rp(0)R_{i-1}\right)$，符号 1 区间$U_i^1=\left[L_{i-1}+rp(0)R_{i-1},L_{i-1}+r\right)$，进入步骤4。

步骤 4：判断V所属区间，若$V\in U_i^0$，输出符号 0；若$V\in U_i^1$，输出符号 1，进入步骤5。

步骤 5：$i=i+1$；若$i\leqslant Len$，则返回步骤 3 译码下一个符号；若$i>Len$，进入步骤6。

步骤 6：译码完成。

5.2　线性对称加密算法 C/C++ 实现

5.2.1　流程图

对称加密的流程图和无损压缩流程图相同，仅在编译码时需要将数字密钥嵌入到权系数，使数字密钥不同，通过加权概率模型编码后的密文也不同。这里省略了流程图。

5.2.2　C/C++ 源码

文件名：WJLEncryptCoder.h

```
#ifndef _ENCRYPT_H_
#define _ENCRYPT_H_
#ifdef__cplusplus
extern "C" {
#endif
  typedef struct{
    unsigned int RC_CODE_BITS;
```

```
        unsigned int RC_SHIFT_BITS;
        unsigned int RC_MAX_RANGE;
        unsigned int RC_MIN_RANGE;
        unsigned int FLow;
        unsigned int FRange;
        unsigned int FDigits;
        unsigned int Values;
        unsigned int FFollow;
        const unsigned char *in_buff;
        unsigned int in_buff_rest;
        unsigned char *out_buff;
        unsigned int out_buff_loop;
        unsigned int out_buff_len;
        unsigned char mask;
        unsigned char outByte;
        double dRatio;
        unsigned char seriesOneMax;
        double dOneChange;
        unsigned int seriesOne;
}WJLEncryptCoder;
```

/************* 设置当前系数 **************

* 输入参数 *szRatio*：系数值，用户需要根据自己的要求设定对应的密码

* 请在 00000000000 到 236067977499 之间设定加解密密码

* 返回值：无

**********************************/

```
void WJLEncode_Encrypt_SetRatio(const char *szRatio);
```

/************* 加密编码 *****************

* 输入参数 *ucInBuffer*：原始数据的缓冲

* 输入参数 *unInbufferLen*：原始数据缓冲的字节长度

* 输出参数 *unOutbufferLen*：密文缓冲的字节长度

* 返回值：密文缓冲首地址，该缓冲由接口调用者负责释放

**********************************/

unsigned char *WJLEncode_Encrypt_Buff(const unsigned char *ucInBuffer, const unsigned int *unInbufferLen, unsigned int *unOutbufferLen);

/************** 解密编码 ******************

* 输入参数 *ucInBuffer*：密文数据的缓冲

* 输入参数 *unInbufferLen*：密文数据缓冲的字节长度

* 输出参数 *unOutbufferLen*：解密后数据缓冲的字节长度

* 返回值：解密后数据缓冲首地址，该缓冲由接口调用者负责释放

***************************************/

unsigned char *WJLDecode_Encrypt_Buff(const unsigned char *ucInBuffer, const unsigned int *unInbufferLen,unsigned int *unOutbufferLen);

#ifdef__cplusplus

}

#endif

#endif

文件名：WJLEncryptCoder.c

#include "WJLEncryptCoder.h"

#include "WJLCoderDefine.h"

#include "WJLEncodeCore.h"

#include "WJLDecodeCore.h"

#include <stdio.h>

#include <string.h>

// 每个字节中比特 1 的个数

unsigned char CntOfOneSymbol[256]=

{

0x00,0x01,0x01,0x02,0x01,0x02,0x02,0x03,0x01,0x02,0x02,0x03,0x02,0x03,0x03,0x04,

0x01,0x02,0x02,0x03,0x02,0x03,0x03,0x04,0x02,0x03,0x03,0x04,0x03,0x04,0x04,0x05,

0x01,0x02,0x02,0x03,0x02,0x03,0x03,0x04,0x02,0x03,0x03,0x04,0x03,0x04,0x04,0x05,

0x02,0x03,0x03,0x04,0x03,0x04,0x04,0x05,0x03,0x04,0x04,0x05,0x04,0x05,0x05,0x06,

0x01,0x02,0x02,0x03,0x02,0x03,0x03,0x04,0x02,0x03,0x03,0x04,0x03,0x0
4,0x04,0x05,

0x02,0x03,0x03,0x04,0x03,0x04,0x04,0x05,0x03,0x04,0x04,0x05,0x04,0x0
5,0x05,0x06,

0x02,0x03,0x03,0x04,0x03,0x04,0x04,0x05,0x03,0x04,0x04,0x05,0x04,0x0
5,0x05,0x06,

0x03,0x04,0x04,0x05,0x04,0x05,0x05,0x06,0x04,0x05,0x05,0x06,0x05,0x0
6,0x06,0x07,

0x01,0x02,0x02,0x03,0x02,0x03,0x03,0x04,0x02,0x03,0x03,0x04,0x03,0x0
4,0x04,0x05,

0x02,0x03,0x03,0x04,0x03,0x04,0x04,0x05,0x03,0x04,0x04,0x05,0x04,0x0
5,0x05,0x06,

0x02,0x03,0x03,0x04,0x03,0x04,0x04,0x05,0x03,0x04,0x04,0x05,0x04,0x0
5,0x05,0x06,

0x03,0x04,0x04,0x05,0x04,0x05,0x05,0x06,0x04,0x05,0x05,0x06,0x05,0x0
6,0x06,0x07,

0x02,0x03,0x03,0x04,0x03,0x04,0x04,0x05,0x03,0x04,0x04,0x05,0x04,0x0
5,0x05,0x06,

0x03,0x04,0x04,0x05,0x04,0x05,0x05,0x06,0x04,0x05,0x05,0x06,0x05,0x0
6,0x06,0x07,

0x03,0x04,0x04,0x05,0x04,0x05,0x05,0x06,0x04,0x05,0x05,0x06,0x05,0x0
6,0x06,0x07,

0x04,0x05,0x05,0x06,0x05,0x06,0x06,0x07,0x05,0x06,0x06,0x07,0x06,0x0
7,0x07,0x08

```
};
// 将用户的密码隐藏在加权概率模型的权系数中，并通过编码，将密码编码在每一个比特上面
void WJLEncode_Encrypt_SetRatio(const char *szRatio)
{
    char szSystemRatio[14] = {'1','.'};
    memcpy(szSystemRatio+2,szRatio,12);
    memset(szSystemRatio+13,'\0',1);
    G_RATIO = atof(szSystemRatio);
```

```
    }
    unsigned char *WJLEncode_Encrypt_Buff(const unsigned char *ucInBuffer,
const unsigned int *unInbufferLen,unsigned int *unOutbufferLen)
    {
        WJLEncryptCoder wjlCoder;
        unsigned int i;
        if (NULL == ucInBuffer || NULL == unInbufferLen){
            return NULL;
        }
        if (WJL_Encode_Init(&wjlCoder,ucInBuffer,unInbufferLen)){
            return NULL;
        }
        for (i=0;i<*unInbufferLen;++i){
            WJL_Encode_Core(&wjlCoder,ucInBuffer[i]);
        }
        WJL_Encode_End(&wjlCoder);
        *unOutbufferLen = wjlCoder.out_buff_loop + sizeof(unsigned int);
        wjlCoder.out_buff=(unsigned char*)realloc(wjlCoder.out_buff,*unOutbufferLen);
        if (NULL == wjlCoder.out_buff){
            return NULL;
        }
        memcpy(wjlCoder.out_buff+wjlCoder.out_buff_loop,unInbufferLen,sizeof(unsigned int));
        return wjlCoder.out_buff;
    }
    unsigned char *WJLDecode_Encrypt_Buff(const unsigned char *ucInBuffer,
const unsigned int *unInbufferLen,unsigned int *unOutbufferLen)
    {
        WJLEncryptCoder wjlCoder;
        unsigned int unZipBuffLen=*unInbufferLen-sizeof(unsigned int);
        if (NULL == ucInBuffer || NULL == unInbufferLen){
            return NULL;
        }
```

```
      memcpy(unOutbufferLen,ucInBuffer+unZipBuffLen,sizeof(unsigned int));
      WJL_Decode_Init(&wjlCoder,ucInBuffer,&unZipBuffLen,unOutbufferLen);
      do{
        if (WJL_Decode_Core(&wjlCoder)){
          free(wjlCoder.out_buff);
          return NULL;
        }
      }while (wjlCoder.out_buff_loop < *unOutbufferLen);
      return wjlCoder.out_buff;
    }
```

文件名：WJLEncodeCore.h

```
#ifndef _WJLENCODECORE_H
#define _WJLENCODECORE_H
#include "WJLEncryptCoder.h"
```
// 初始化编码器
```
unsigned char WJL_Encode_Init(WJLEncryptCoder *wjlCoder,const unsigned
char *inbuff,const unsigned int *inbufflen);
```
// 编码核心
```
void WJL_Encode_Core(WJLEncryptCoder *wjlCoder,unsigned char ucByte);
```
// 结束编码过程
```
void WJL_Encode_End(WJLEncryptCoder *wjlCoder);
#endif
```

文件名：WJLEncodeCore.c

```
#include "WJLEncodeCore.h"
unsigned char WJL_Encode_Init(WJLEncryptCoder *wjlCoder,const unsigned
char *inbuff,const unsigned int *inbufflen)
{
    wjlCoder->RC_CODE_BITS = 31;
    wjlCoder->RC_SHIFT_BITS = wjlCoder->RC_CODE_BITS-8;
    wjlCoder->RC_MAX_RANGE = 1<<wjlCoder->RC_CODE_BITS;
    wjlCoder->RC_MIN_RANGE = 1<<wjlCoder->RC_SHIFT_BITS;
```
// 构建一个比 *buff_len* 长一点的缓存空间
```
    wjlCoder->in_buff = inbuff;
```

```
    wjlCoder->out_buff_loop = 0;
    wjlCoder->out_buff_len = *inbufflen*2;
    wjlCoder->out_buff = (unsigned char *)malloc(wjlCoder->out_buff_len);
    if (NULL == wjlCoder->out_buff){
        return 0x01;
    }
    wjlCoder->FLow = wjlCoder->RC_MAX_RANGE;
    wjlCoder->FRange = wjlCoder->RC_MAX_RANGE;
    wjlCoder->FDigits = 0;
    wjlCoder->FFollow = 0;
    wjlCoder->dRatio = G_RATIO/*COE_THIS*/;
    wjlCoder->dOneChange = 0.5;
    wjlCoder->seriesOne = 0;
    wjlCoder->seriesOneMax = 0x01;
    return 0x00;
}
// 将字节放入缓存区
void Encode_OutputByte(WJLEncryptCoder *wjlCoder,const unsigned char ucByte)
{
    if (wjlCoder->out_buff_loop >= wjlCoder->out_buff_len){
        wjlCoder->out_buff_len += 10240;
        wjlCoder->out_buff = (unsigned char)realloc(wjlCoder->out_buff,wjlCoder->out_buff_len);
        if (NULL == wjlCoder->out_buff){
            wjlCoder->out_buff = NULL;
        }
    }
    wjlCoder->out_buff[wjlCoder->out_buff_loop++] = ucByte;
}
// 结束编码过程
void WJL_Encode_End(WJLEncryptCoder *wjlCoder)
{
```

```
        unsigned int n = 0;
        if (wjlCoder->FFollow != 0) {
            if (wjlCoder->FLow < wjlCoder->RC_MAX_RANGE){
                Encode_OutputByte(wjlCoder,wjlCoder->FDigits);
                for (n = 1; n <= wjlCoder->FFollow - 1; n++){
                    Encode_OutputByte(wjlCoder,0xFF);
                }
            } else {
                Encode_OutputByte(wjlCoder,wjlCoder->FDigits + 1);
                for (n = 1; n <= wjlCoder->FFollow - 1; n++){
                    Encode_OutputByte(wjlCoder,0x00);
                }
            }
        }
        wjlCoder->FLow = wjlCoder->FLow << 1;
        n = wjlCoder->RC_CODE_BITS + 1;
        do{
            n -= 8;
            Encode_OutputByte(wjlCoder,wjlCoder->FLow >> n);
        } while ( n > 0 );
    }
    // 更新概率区间
    void Encode_UpdateRange(WJLEncryptCoder *wjlCoder,char symbol)
    {
        unsigned int High = 0;
        unsigned int i = 0;
        wjlCoder->FRange = wjlCoder->FRange*wjlCoder->dRatio;
        if (1 == symbol){
            wjlCoder->FLow += (unsigned int)(wjlCoder->FRange*(1-wjlCoder->dOneChange));
            wjlCoder->FRange *= wjlCoder->dOneChange;
        }else{
            wjlCoder->FRange *= 1-wjlCoder->dOneChange;
```

```
        }
    while(wjlCoder->FRange<=wjlCoder->RC_MIN_RANGE){
        High = wjlCoder->FLow + wjlCoder->FRange-1;
        if(wjlCoder->FFollow!=0){
            if (High <= wjlCoder->RC_MAX_RANGE) {
                Encode_OutputByte(wjlCoder,wjlCoder->FDigits);
                for (i = 1; i <= wjlCoder->FFollow - 1; i++)
                {
                    Encode_OutputByte(wjlCoder,0xFF);
                }
                wjlCoder->FFollow = 0;
                wjlCoder->FLow = wjlCoder->FLow + wjlCoder->RC_MAX_
RANGE;
            } else if (wjlCoder->FLow >= wjlCoder->RC_MAX_RANGE){
                Encode_OutputByte(wjlCoder,wjlCoder->FDigits + 1);
                for (i = 1; i <= wjlCoder->FFollow - 1; i++)
                {
                    Encode_OutputByte(wjlCoder,0x00);
                }
                wjlCoder->FFollow = 0;
            } else{
                wjlCoder->FFollow++;
                wjlCoder->FLow = (wjlCoder->FLow << 8) & (wjlCoder->RC_
MAX_RANGE - 1);
                wjlCoder->FRange = wjlCoder->FRange << 8;
                continue;
            }
        }
        if (((wjlCoder->FLow^High) & (0xFF << wjlCoder->RC_SHIFT_BITS))
== 0) {
            Encode_OutputByte(wjlCoder,wjlCoder->FLow>>wjlCoder->RC_
SHIFT_BITS);
        }else{
```

```
        wjlCoder->FLow = wjlCoder->FLow – wjlCoder->RC_MAX_RANGE;
        wjlCoder->FDigits = wjlCoder->FLow >> wjlCoder->RC_SHIFT_
BITS;
        wjlCoder->FFollow = 1;
    }
    wjlCoder->FLow = ( ( (wjlCoder->FLow << 8) & (wjlCoder->RC_MAX_
RANGE – 1) ) | (wjlCoder->FLow & wjlCoder->RC_MAX_RANGE) );
        wjlCoder->FRange = wjlCoder->FRange << 8;
    }
}
void WJL_Encode_Core(WJLEncryptCoder *wjlCoder,unsigned char ucByte)
{
    unsigned char i,s;
    for (i=0;i<8;i++){
    s = ucByte&0x01;
    ucByte >>= 1;
    Encode_UpdateRange(wjlCoder,s);
    if (wjlCoder->seriesOneMax){
        if (0 == s){
            wjlCoder->seriesOne = 0;
        }else{
            wjlCoder->seriesOne ++;
            if (wjlCoder->seriesOne == wjlCoder->seriesOneMax){
                Encode_UpdateRange(wjlCoder,0);
                wjlCoder->seriesOne = 0;
            }
        }
    }
    }
}
```

文件名：WJLDecodeCore.h

```
#ifndef _WJLDECODECORE_H
#define _WJLDECODECORE_H
```

```
#include "WJLEncryptCoder.h"
// 初始化解码器
void WJL_Decode_Init(WJLEncryptCoder *wjlCoder,const unsigned char
*inbuff,const unsigned int *inbufflen,const unsigned int *outbufflen);
// 解码核心
unsigned char WJL_Decode_Core(WJLEncryptCoder *wjlCoder);
#endif
```

文件名：WJLDecodeCore.c

```
#ifndef _WJLERRRECOVERYENCODE_H
#define _WJLERRRECOVERYENCODE_H
#include "WJLDefine.h"
void Encode_Init(WJL_ERRRECOVERY_ENCODER *erEncoder,const
unsigned char *inbuff,const unsigned int *inbufflen);
void Encode_Agent(WJL_ERRRECOVERY_ENCODER *erEncoder,unsigned
char *ucInBuffer,const unsigned int *unInbufferLen);
void Encode_End(WJL_ERRRECOVERY_ENCODER *erEncoder);
#endif
```

文件名：WJLErrRecoveryEncode.c

```
#include "WJLDecodeCore.h"
void WJL_Decode_Init(WJLEncryptCoder *wjlCoder,const unsigned char
*inbuff,const unsigned int *inbufflen,const unsigned int *outbufflen)
{
    int n = 0;
    wjlCoder->RC_CODE_BITS = 31;
    wjlCoder->RC_SHIFT_BITS = wjlCoder->RC_CODE_BITS – 8;
    wjlCoder->RC_MAX_RANGE = 1<<wjlCoder->RC_CODE_BITS;
    wjlCoder->RC_MIN_RANGE = 1<<wjlCoder->RC_SHIFT_BITS;
    wjlCoder->out_buff = (unsigned char*)malloc(*outbufflen);
    wjlCoder->out_buff_loop = 0;
    wjlCoder->in_buff = inbuff;
    wjlCoder->in_buff_rest = *inbufflen;
    wjlCoder->FLow = 0;
    wjlCoder->FRange = wjlCoder->RC_MAX_RANGE;
```

```
    wjlCoder->Values = 0;
    n = wjlCoder->RC_CODE_BITS + 1;
    do{
        n -= 8;
        wjlCoder->Values = (wjlCoder->Values << 8) | *wjlCoder->in_buff;
        wjlCoder->in_buff++;
        wjlCoder->in_buff_rest--;
    } while ( n > 0 );
    wjlCoder->mask = 0x01;
    wjlCoder->outByte = 0;
    wjlCoder->dRatio = G_RATIO;
    wjlCoder->dOneChange = 0.5;
    wjlCoder->seriesOne = 0;
    wjlCoder->seriesOneMax = 0x01;
}
// 按位存储解压数据
void Decode_PutBit(WJLEncryptCoder *wjlCoder,const char symbol)
{
    if (symbol == 1){
        wjlCoder->outByte |= wjlCoder->mask;
    }
    wjlCoder->mask <<= 1;
    if (wjlCoder->mask == 0){
        wjlCoder->out_buff[wjlCoder->out_buff_loop++] = wjlCoder->outByte;
        wjlCoder->outByte = 0;
        wjlCoder->mask = 0x01;
    }
}
// 根据 V 值比对符号 0 的概率区间的 H 值得出对应的符号
char WJL_Decode_GetSymbol(WJLEncryptCoder *wjlCoder)
{
    unsigned int H0;
    unsigned int values = wjlCoder->Values >> 1;
```

```
        if (values < wjlCoder->FLow){
           values += wjlCoder->RC_MAX_RANGE;
        }
        H0 = wjlCoder->FLow + (unsigned int)(wjlCoder->FRange*wjlCoder-
>dRatio)*(1-wjlCoder->dOneChange);
        return values < H0 ? 0:1;
    }
    // 更新概率区间
    void Decode_UpdateRange(WJLEncryptCoder *wjlCoder,char symbol)
    {
        wjlCoder->FRange = wjlCoder->FRange*wjlCoder->dRatio;
        if (1 == symbol){
           wjlCoder->FLow += (unsigned int)(wjlCoder->FRange*(1-wjlCoder-
>dOneChange));
           wjlCoder->FRange *= wjlCoder->dOneChange;
        }else{
           wjlCoder->FRange *= 1-wjlCoder->dOneChange;
        }
        if (wjlCoder->FRange <= wjlCoder->RC_MIN_RANGE){
           wjlCoder->FLow = (wjlCoder->FLow << 8) & (wjlCoder->RC_MAX_
RANGE - 1);
           wjlCoder->FRange = wjlCoder->FRange << 8;
           if (wjlCoder->in_buff_rest > 0){
              wjlCoder->Values = (wjlCoder->Values << 8) | *wjlCoder->in_buff++;
              wjlCoder->in_buff_rest--;
           }
        }
    }
    unsigned char WJL_Decode_Core(WJLEncryptCoder *wjlCoder)
    {
        char s = WJL_Decode_GetSymbol(wjlCoder);
        if (wjlCoder->seriesOneMax){
           if (0 == s){
```

```
    if (wjlCoder->seriesOne < wjlCoder->seriesOneMax){
        Decode_PutBit(wjlCoder,s);
    }
    wjlCoder->seriesOne = 0;
}else{
    Decode_PutBit(wjlCoder,s);
    wjlCoder->seriesOne ++;
    if (wjlCoder->seriesOne > wjlCoder->seriesOneMax)
    {
        return 0x01;
    }
}
}else{
    Decode_PutBit(wjlCoder,s);
}
Decode_UpdateRange(wjlCoder,s);
return 0x00;
}
```

5.3　安全分析

根据收缩模型和扩张模型的线性加解密步骤，不难得出，当输入错误数字密钥，则解密用的权系数r是错误的。权系数r错误将造成译码步骤 3 中给出错误区间，进而译码出错误的符号。又因为后一个符号的译码必须依赖前一个符号的正确译码，只有正确译码才能选择正确的区间往下迭代，所以输入错误数字密钥无法正确译码。

以 bit 为单位的线性加密编码使密文无法被分段破解。设明文的比特长度为n，数字密钥为k位十进制，在未知明文和数字密钥的情况下，最多需要遍历$\left(2^n\right)^{10^k}$次进行破解。

5.4　线性分段对称加密

将任意二进制序列以 l bit 为单位进行分段，首段将用户设定的密码（或密码对应的二进制信息）嵌入权系数（对称密钥）作为参数进行加权概率模型编码。从第二段开始，将前一段未编码的二进制末尾 s bit（$s>0$）嵌入权系数并对第二段进行加权概率模型编码，以此类推。经证明，当 l 足够长时，权系数的任何比特错误或编码后的密文存在任何比特错误，均将造成二进制序列无法解码成功。于是，无法得到第一段末尾的正确的 s bit 序列，则第二段也无法正确译码。

5.4.1　加密步骤

对于任意等概二进制序列，t 值不同，二元加权编码方法不同，$\phi(0)$ 的值也不同。编码步骤如下。

步骤 1：初始化参数，设 $R_0=1$, $L_0=0$, $i=0$, $j=b=1$；$\phi(0)=rp(0)$，$\phi(1)=r-rp(0)$；$V=0$（V 为加权模型编码后 L_i 的值）；明文以 m bit 为一个数据块或数据段，m 由编解码端约定已知的值。设明文的比特长度为 n；统计明文中符号 0 的个数 c_0，于是可以得出符号 0 对应的概率 $p(0)=\dfrac{c_0}{n}$；并由用户设定数字密钥 A_b，数字密钥 A_b 为 k 位十进制数值，也可以是 h 位二进制数值（但是二进制数值须转成 k 位十进制数值）。

步骤 2：根据（1–20）计算出 r_{max}，保留 r_{max} 小数点后面的 $l(l=1,2,3,\cdots)$ 位十进制值（l 由编解码端约定已知的值）。

步骤 3：将 r_{max} 小数点后第 $l+1$ 位到 $l+k$ 位替换成数字密钥 A_b，得到了权系数 r，须满足条件 $r\leqslant r_{max}$。

步骤 4：获取第 b 个数据块，$j=1$。

步骤 5：$i=i+1$，若 $i\leqslant n$，则转步骤 6；若 $i>n$，$V=L_n$，结束编码，存储或传输 V，n 和 c_0。

步骤 6：编码第 j 个符号，若第 j 个符号为符号 0，则转步骤 7；若第 j 个符号为符号 1，则转步骤 8。

步骤 7：根据公式（1-14）计算R_i和L_i的值，若$L_i = L_{i-1}$，转步骤 9。

步骤 8：编码"10"两个符号，根据公式（1-14）计算R_i和L_i的值，若$L_i = L_{i-1}+R_{i-1}\phi(0)$，转到步骤 9。

步骤 9：$j = j+1$，若$j \leqslant m$，则转步骤 5；若$j > m$，将第b块明文的最后h位二进制数值，并转成k位十进制数值，得到数字密钥A_{b+1}，若$b = b+1$，转步骤 3。

5.4.2　解密步骤

步骤 1：初始化参数，设$R_0 = 1$，$L_0 = 0$，$i = 1$，$j = b = 1$，$s = 0$，获得V，n和c_0，m，l为已知值，得出$p(0) = \dfrac{c_0}{n}$，且根据（1-20）计算出$r_{\max}$，将其输入解密密码，这个密码为上节中的数字密钥A_b。

步骤 2：将$r_{\max}$小数点后第$l+1$位到$l+k$位替换成数字密钥A_b，得到了权系数r，须满足条件$r \leqslant r_{\max}$，于是$\phi(0) = rp(0)$，$\phi(1) = r - rp(0)$。

步骤 3：根据公式（1-14）给出第i个符号 0 的区间上标值$H_i^0 = L_{i-1}+\phi(0)R_{i-1}$，转步骤 4。

步骤 4：判断V与H_i^0的大小，若$V < H_i^0$则得到符号 0，输出符号 0，且$s = 0$，转步骤 6；若$V \geqslant H_i^0$则得到符号 1，转步骤 5。

步骤 5：若$s = 0$，则输出符号 1，且$s = 1$，转步骤 6；若$s = 1$，解密出错，结束。

步骤 6：$i = i+1$，若$i \leqslant n$，则转步骤 7；若$i > n$，解密完成。

步骤 7：$j = j+1$，若$j \leqslant m$，则转步骤 3；若$j > m$，$j = 1$，第b段数据解密完成，获取第b段数据的最后h位二进制数值，并转成k位十进制数值，得到数字密钥A_{b+1}，$b = b+1$，转步骤 2。

5.4.3　安全分析

由于每一段编码时数字密钥均不相同，因此破解难度将远远大于 5.1 节的线性加密方法。

5.4.4　流程图

分段对称加密的流程图和无损压缩流程图相同，将大的数据切割成小部分，并且每个小部分在编译码时需要将数字密钥（每部分的数字密钥可以不相同）嵌入权系数，使数字密钥不同，通过加权概率模型编码后的密文不同。这里省略了流程图。

5.4.5　C/C++源码

C/C++源代码和5.2节相仿，本节省略，读者可自行发挥编写。线性分段对称加密使对称加密时可以使用足够长的数字密钥。尽管逻辑上是分段的，但是在程序上可以实现前后继承的线性编译码，使密文无法被分段破解。

5.5　行业应用及优势

数据加密领域当下使用的加密算法主要有两大类，对称加密和非对称加密。对称加密仅需要输入正确的密码即可解密，其特征是速度快。非对称加密因加密钥匙和解密钥匙必须不同，所以安全性能更高，但是效率极低。当下国内银行和重要领域常用的PGP加密系统结合了这两种算法，用非对称加密算法对密码进行保护，然后再用对称加密算法对数据流或文件加密。

5.5.1　银行数据加密

目前我国采用的多是PGP加密系统，其中包括AEC、DES。在我国，信息加密/身份认证市场规模巨大。加密算法是货币系统的核心技术之一，目前的对称加密算法主要采用AES、DES。但AES在量子计算机面前如同虚设。

5.5.2　个人信息加密情况严峻，信息盗窃、私密信息买卖不绝

一方面是人为因素，另一方面是加密体系不可靠，每个用户设定的密码存在碰撞（雷同），如果存在一套算法可以确保文件相同，用户密码相同，但是密文不同，就可以增加破解难度。

加密领域算法众多，且算法发明的关键主要在两个方向，其一是理论创新，其二是提高破解难度。本章给出的对称加密算法属于理论创新，是全新的加密方法。该算法将多个密码通过线性方式编码到每一个比特或字节上。译码过程具有线性依赖性，即下一个符号的解密依赖当前符号的正确解密。若多个密码中有一个或多个密码不对将无法解密数据。该算法加密编码结果接近熵极限，在未知密码和文件的情况下破解难度极大。

该算法在未来可以应用于银行支付系统、大数据脱敏加密、个人隐私保

护、机密数据存储和传输等领域，其比 PGP、AES 等系统更具有线性依赖性，不可分段暴力破解，更适合流加密。

5.6　章结

对称加密的优势在于编译码效率高，但是数字密钥的组合方式有限，不过可以通过加密系统约束密码输入错误次数以增加破解时长，也可以通过多次迭代，且每次迭代使用不同的数字密钥，从而使密文破解难度增加。本章主要提供了基于加权概率模型构造对称加密的思路，我们可以基于这一思路构建更多优越的加密算法或系统。

第6章 加权模型哈希算法

目前常见的单向散列函数（Hash 函数）有 MD5、SHA、MAC、CRC 等。信息摘要算法（Message-Digest Algorithm 5，MD5），一种被广泛使用的密码散列函数，可以产生一个 128 位（16 字节）的散列值（Hash Value），用于确保信息传输完整一致。1996 年后，该算法被证实存在弱点，可以被破解。对数据有高度安全性要求的领域，一般改用其他算法，如 SHA2、SM3。

2004 年，专家再次证实 MD5 无法防止碰撞（collision），因此其不适用于安全性认证领域，如 SSL 公开密钥认证或数字签名等用途。

本章通过分析加权概率模型函数，给出一种新的 Hash 函数。该函数可将任意长的输入消息串编码成比特长度为 L 的输出串，且 L 的值可以自定义。

本书第 2 章例 2.4 中的公式（2-14）给出了基于扩张模型的权系数 r 的计算公式。根据信息论无失真编码定理，$H(X)$ 是离散无记忆信源序列 X 的无失真编码极限，所以当 $H(X,r) \geq H(X)$ 时加权模型函数 $F(X,r)$ 可无失真还原信源 X。当 $H(X,r) < H(X)$ 时，加权模型函数 $F(X,r)$ 无法还原信源 X，即当 $L < nH(X)$ 时编码结果 L_n 无法还原信源 X。由公式（2-13）和（2-14）可得如下结论。

当 $H(X) > L/n$ 时，有 $r > 1$，$H(X,r) < H(X)$，于是满足公式（2-14）且 $r > 1$ 的加权模型函数 $F(X,r)$ 均是单向散列函数（Hash 函数）。通过加权概率模型编码可得出比特长度为 L 的唯一结果 L_n，但通过 L_n 无法还原信源 X。利用加权概率模型对二进制信源序列 X 编码步骤如下。

步骤 1：统计信源序列 X 中符号 1 的个数 C，信源序列 X 的比特长度为 n，于是 $p(1) = \dfrac{C}{n}$，$p(0) = 1 - p(1)$，令 $L_0 = 0$，$H_0 = R_0 = 1$，$i = 1$。

步骤 2：根据公式（2-14）求出 r。

步骤 3：若 $X_i = 0$，$L_i = L_{i-1}$；若 $X_i = 1$，$L_i = L_{i-1} + R_{i-1}rp(0)$。

步骤 4：$i = i+1$，若 $i < n$，转步骤 3；若 $i = n$，转步骤 5。

步骤 5：结束编码，输出的 L_i 为哈希值（Hash Value）。

6.1　二进制加权概率模型 Hash 算法 C/C++ 实现

6.1.1　WJLHA2.1.0 算法实现，效率优于 WJLHA2.0.1 版

文件名：WJLHashAlgorithm.h

```
/**********************************************************

 * Based on Weighted Probability Model Code(Jielin Code), the secure hash
algorithm of hash value length and digital password can be customized.

 * 1. Fixed some BUG and improved coding efficiency

 * 2. Synchronize release C and Java releases

 * @author JieLin Wang(China)

 * @testing Aamir(Pakistan), Lei Xiao(China)

 * @copyright JieLin Wang 2020-09-2

 * @Version 2.1.0

 * @email 254908447@qq.com

 */

#ifndef _WJLHashAlgorithm_h

#define _WJLHashAlgorithm_h

/**********************************************************

the main Wang Jie lin hash function

InBytesBuFF: the first address of bytes cache waiting to be encoding.

InBytesBuFF_Length: the bytes cache length.

keyt: digital key, 0-999999,by user-defined or system-defined.

ByteLength: the hash value's byte length, by user-defined or system-defined.

**********************************************************/

    void WJLHA(unsigned char *InBytesBuFF, int InBytesBuFF_Length, int keyt,
unsigned char *OutBytesBuFF, int ByteLength);

    #endif
```

文件名：WJLHashAlgorithm.c

```
#include "WJLHashAlgorithm.h"
#include "math.h"
#include "stdlib.h"
extern const unsigned char bitOfByteTable[256][8];
// Jielincode Encoding Struct
typedef struct
{
    unsigned int RC_CODE_BITS;
    unsigned int RC_SHIFT_BITS;
    unsigned int RC_MAX_RANGE;
    unsigned int RC_MIN_RANGE;
    double p0;
    double p1;
    double JIELINCOE;
    unsigned int EFLow;
    unsigned int EFRange;
    unsigned int EFDigits;
    unsigned int EFFollow;
    unsigned int EOut_buff_loop;
    unsigned char *EOut_buff;
    int OutByteLength;
    int BOBL;
}WJLCoder;
// Bit value at each position in each byte
const unsigned char bitOfByteTable[256][8] ={
    {0,0,0,0,0,0,0,0},{0,0,0,0,0,0,0,1},{0,0,0,0,0,0,1,0},{0,0,0,0,0,0,1,1},{0,0,0,0,
0,1,0,0},{0,0,0,0,0,1,0,1},{0,0,0,0,0,1,1,0},{0,0,0,0,0,1,1,1},   //0 ～ 7
    {0,0,0,0,1,0,0,0},{0,0,0,0,1,0,0,1},{0,0,0,0,1,0,1,0},{0,0,0,0,1,0,1,1},{0,0,0,0,
1,1,0,0},{0,0,0,0,1,1,0,1},{0,0,0,0,1,1,1,0},{0,0,0,0,1,1,1,1},   //8 ～ 15
    {0,0,0,1,0,0,0,0},{0,0,0,1,0,0,0,1},{0,0,0,1,0,0,1,0},{0,0,0,1,0,0,1,1},{0,0,0,1,
0,1,0,0},{0,0,0,1,0,1,0,1},{0,0,0,1,0,1,1,0},{0,0,0,1,0,1,1,1},   //16 ～ 23
```

{0,0,0,1,1,0,0,0},{0,0,0,1,1,0,0,1},{0,0,0,1,1,0,1,0},{0,0,0,1,1,0,1,1},{0,0,0,1,1,1,0,0},{0,0,0,1,1,1,0,1},{0,0,0,1,1,1,1,0},{0,0,0,1,1,1,1,1},　//24 ～ 31

{0,0,1,0,0,0,0,0},{0,0,1,0,0,0,0,1},{0,0,1,0,0,0,1,0},{0,0,1,0,0,0,1,1},{0,0,1,0,0,1,0,0},{0,0,1,0,0,1,0,1},{0,0,1,0,0,1,1,0},{0,0,1,0,0,1,1,1},　//32 ～ 39

{0,0,1,0,1,0,0,0},{0,0,1,0,1,0,0,1},{0,0,1,0,1,0,1,0},{0,0,1,0,1,0,1,1},{0,0,1,0,1,1,0,0},{0,0,1,0,1,1,0,1},{0,0,1,0,1,1,1,0},{0,0,1,0,1,1,1,1},　//40 ～ 47

{0,0,1,1,0,0,0,0},{0,0,1,1,0,0,0,1},{0,0,1,1,0,0,1,0},{0,0,1,1,0,0,1,1},{0,0,1,1,0,1,0,0},{0,0,1,1,0,1,0,1},{0,0,1,1,0,1,1,0},{0,0,1,1,0,1,1,1},　//48 ～ 55

{0,0,1,1,1,0,0,0},{0,0,1,1,1,0,0,1},{0,0,1,1,1,0,1,0},{0,0,1,1,1,0,1,1},{0,0,1,1,1,1,0,0},{0,0,1,1,1,1,0,1},{0,0,1,1,1,1,1,0},{0,0,1,1,1,1,1,1},　//56 ～ 63

{0,1,0,0,0,0,0,0},{0,1,0,0,0,0,0,1},{0,1,0,0,0,0,1,0},{0,1,0,0,0,0,1,1},{0,1,0,0,0,1,0,0},{0,1,0,0,0,1,0,1},{0,1,0,0,0,1,1,0},{0,1,0,0,0,1,1,1},　//64 ～ 71

{0,1,0,0,1,0,0,0},{0,1,0,0,1,0,0,1},{0,1,0,0,1,0,1,0},{0,1,0,0,1,0,1,1},{0,1,0,0,1,1,0,0},{0,1,0,0,1,1,0,1},{0,1,0,0,1,1,1,0},{0,1,0,0,1,1,1,1},　//72 ～ 79

{0,1,0,1,0,0,0,0},{0,1,0,1,0,0,0,1},{0,1,0,1,0,0,1,0},{0,1,0,1,0,0,1,1},{0,1,0,1,0,1,0,0},{0,1,0,1,0,1,0,1},{0,1,0,1,0,1,1,0},{0,1,0,1,0,1,1,1},　//80 ～ 87

{0,1,0,1,1,0,0,0},{0,1,0,1,1,0,0,1},{0,1,0,1,1,0,1,0},{0,1,0,1,1,0,1,1},{0,1,0,1,1,1,0,0},{0,1,0,1,1,1,0,1},{0,1,0,1,1,1,1,0},{0,1,0,1,1,1,1,1},　//88 ～ 95

{0,1,1,0,0,0,0,0},{0,1,1,0,0,0,0,1},{0,1,1,0,0,0,1,0},{0,1,1,0,0,0,1,1},{0,1,1,0,0,1,0,0},{0,1,1,0,0,1,0,1},{0,1,1,0,0,1,1,0},{0,1,1,0,0,1,1,1},　//96 ～ 103

{0,1,1,0,1,0,0,0},{0,1,1,0,1,0,0,1},{0,1,1,0,1,0,1,0},{0,1,1,0,1,0,1,1},{0,1,1,0,1,1,0,0},{0,1,1,0,1,1,0,1},{0,1,1,0,1,1,1,0},{0,1,1,0,1,1,1,1},　//104 ～ 111

{0,1,1,1,0,0,0,0},{0,1,1,1,0,0,0,1},{0,1,1,1,0,0,1,0},{0,1,1,1,0,0,1,1},{0,1,1,1,0,1,0,0},{0,1,1,1,0,1,0,1},{0,1,1,1,0,1,1,0},{0,1,1,1,0,1,1,1},　//112 ～ 119

{0,1,1,1,1,0,0,0},{0,1,1,1,1,0,0,1},{0,1,1,1,1,0,1,0},{0,1,1,1,1,0,1,1},{0,1,1,1,1,1,0,0},{0,1,1,1,1,1,0,1},{0,1,1,1,1,1,1,0},{0,1,1,1,1,1,1,1},　//120 ～ 127

{1,0,0,0,0,0,0,0},{1,0,0,0,0,0,0,1},{1,0,0,0,0,0,1,0},{1,0,0,0,0,0,1,1},{1,0,0,0,0,1,0,0},{1,0,0,0,0,1,0,1},{1,0,0,0,0,1,1,0},{1,0,0,0,0,1,1,1},　//128 ～ 135

{1,0,0,0,1,0,0,0},{1,0,0,0,1,0,0,1},{1,0,0,0,1,0,1,0},{1,0,0,0,1,0,1,1},{1,0,0,0,1,1,0,0},{1,0,0,0,1,1,0,1},{1,0,0,0,1,1,1,0},{1,0,0,0,1,1,1,1},　//136 ～ 143

{1,0,0,1,0,0,0,0},{1,0,0,1,0,0,0,1},{1,0,0,1,0,0,1,0},{1,0,0,1,0,0,1,1},{1,0,0,1,0,1,0,0},{1,0,0,1,0,1,0,1},{1,0,0,1,0,1,1,0},{1,0,0,1,0,1,1,1},　//144 ～ 151

{1,0,0,1,1,0,0,0},{1,0,0,1,1,0,0,1},{1,0,0,1,1,0,1,0},{1,0,0,1,1,0,1,1},{1,0,0,1,1,1,0,0},{1,0,0,1,1,1,0,1},{1,0,0,1,1,1,1,0},{1,0,0,1,1,1,1,1},　//152 ～ 159

{1,0,1,0,0,0,0,0},{1,0,1,0,0,0,0,1},{1,0,1,0,0,0,1,0},{1,0,1,0,0,0,1,1},{1,0,1,0,0,1,0,0},{1,0,1,0,0,1,0,1},{1,0,1,0,0,1,1,0},{1,0,1,0,0,1,1,1},　//160 ～ 167

{1,0,1,0,1,0,0,0},{1,0,1,0,1,0,0,1},{1,0,1,0,1,0,1,0},{1,0,1,0,1,0,1,1},{1,0,1,0,1,1,0,0},{1,0,1,0,1,1,0,1},{1,0,1,0,1,1,1,0},{1,0,1,0,1,1,1,1},　//168 ～ 175

{1,0,1,1,0,0,0,0},{1,0,1,1,0,0,0,1},{1,0,1,1,0,0,1,0},{1,0,1,1,0,0,1,1},{1,0,1,1,0,1,0,0},{1,0,1,1,0,1,0,1},{1,0,1,1,0,1,1,0},{1,0,1,1,0,1,1,1},　//176 ～ 183

{1,0,1,1,1,0,0,0},{1,0,1,1,1,0,0,1},{1,0,1,1,1,0,1,0},{1,0,1,1,1,0,1,1},{1,0,1,1,1,1,0,0},{1,0,1,1,1,1,0,1},{1,0,1,1,1,1,1,0},{1,0,1,1,1,1,1,1},　//184 ～ 191

{1,1,0,0,0,0,0,0},{1,1,0,0,0,0,0,1},{1,1,0,0,0,0,1,0},{1,1,0,0,0,0,1,1},{1,1,0,0,0,1,0,0},{1,1,0,0,0,1,0,1},{1,1,0,0,0,1,1,0},{1,1,0,0,0,1,1,1},　//192 ～ 199

{1,1,0,0,1,0,0,0},{1,1,0,0,1,0,0,1},{1,1,0,0,1,0,1,0},{1,1,0,0,1,0,1,1},{1,1,0,0,1,1,0,0},{1,1,0,0,1,1,0,1},{1,1,0,0,1,1,1,0},{1,1,0,0,1,1,1,1},　//200 ～ 207

{1,1,0,1,0,0,0,0},{1,1,0,1,0,0,0,1},{1,1,0,1,0,0,1,0},{1,1,0,1,0,0,1,1},{1,1,0,1,0,1,0,0},{1,1,0,1,0,1,0,1},{1,1,0,1,0,1,1,0},{1,1,0,1,0,1,1,1},　//208 ～ 215

{1,1,0,1,1,0,0,0},{1,1,0,1,1,0,0,1},{1,1,0,1,1,0,1,0},{1,1,0,1,1,0,1,1},{1,1,0,1,1,1,0,0},{1,1,0,1,1,1,0,1},{1,1,0,1,1,1,1,0},{1,1,0,1,1,1,1,1},　//216 ～ 223

{1,1,1,0,0,0,0,0},{1,1,1,0,0,0,0,1},{1,1,1,0,0,0,1,0},{1,1,1,0,0,0,1,1},{1,1,1,0,0,1,0,0},{1,1,1,0,0,1,0,1},{1,1,1,0,0,1,1,0},{1,1,1,0,0,1,1,1},　//224 ～ 231

{1,1,1,0,1,0,0,0},{1,1,1,0,1,0,0,1},{1,1,1,0,1,0,1,0},{1,1,1,0,1,0,1,1},{1,1,1,0,1,1,0,0},{1,1,1,0,1,1,0,1},{1,1,1,0,1,1,1,0},{1,1,1,0,1,1,1,1},　//232 ～ 239

{1,1,1,1,0,0,0,0},{1,1,1,1,0,0,0,1},{1,1,1,1,0,0,1,0},{1,1,1,1,0,0,1,1},{1,1,1,1,0,1,0,0},{1,1,1,1,0,1,0,1},{1,1,1,1,0,1,1,0},{1,1,1,1,0,1,1,1},　//240 ～ 247

{1,1,1,1,1,0,0,0},{1,1,1,1,1,0,0,1},{1,1,1,1,1,0,1,0},{1,1,1,1,1,0,1,1},{1,1,1,1,1,1,0,0},{1,1,1,1,1,1,0,1},{1,1,1,1,1,1,1,0},{1,1,1,1,1,1,1,1}　//248 ～ 255

```
};
// Implanting a digital password into the Jielin code coefficient
void ChangeKeyt(WJLCoder *code, int keyt)
{
    if(keyt < 1000.0 && keyt > 0){
        code->JIELINCOE = code->JIELINCOE - (1.0 / ((double)keyt +
1000.0));
```

```
        }else if(keyt >= 1000.0){
            code->JIELINCOE = code->JIELINCOE - (1.0 / (double)keyt);
        }
    }
```

// The probability of symbol 0 in statistical InBuFF is calculated, and the coefficient of Jilin code is obtained according to the probability and ByteLength of symbol 0. This function is obtained according to the theory of Jielin code

```
    void GetJieLinCoeV(WJLCoder *code, unsigned char *InBuFF, int InBuFFLen)
    {
        int i, j, Count0 = 0;
        double H = 0;
        // Number of statistical symbols 0
        for(i = 0; i < InBuFFLen; ++i){
            for(j = 0; j < 8; ++ j) {
                if(bitOfByteTable[(int)InBuFF[i]][j] == 0) {
                    Count0 ++;
                }
            }
        }
        // Get the probability p0 of symbol 0 and the probability p1 of symbol 1
        code->p0 = (double)Count0 / (double)(InBuFFLen * 8.0);
        code->p1 = 1.0 - code->p0;
        // Binary sequences of all 0 or all 1 need to be preprocessed
        if(code->p0 == 0.0){
            code->p0 = 0.0000000001;
            code->p1 = 1.0 - code->p0;
        }else if(code->p1 == 0.0){
            code->p1 = 0.0000000001;
            code->p0 = 1.0 - code->p1;
        }
        // get the standard information entropy
        H = -code->p0 * (log(code->p0)/log(2.0))- code->p1 * (log(code->p1)/
log(2.0));
```

```
    // get the Jielin code coefficient
    code->JIELINCOE = pow( 2.0, H - (((double)code->OutByteLength) /
(double)InBuFFLen ));
    }
    // Output bytes to cache and weighted encoding
    void OutPutByte(WJLCoder *coder, unsigned char ucByte)
    {
        if(coder->EOut_buff_loop < coder->OutByteLength) {
            coder->EOut_buff[ coder->EOut_buff_loop ] = ucByte;
        } else {
            // A small number of bytes perform XOR operations in the EOut_buff
            coder->EOut_buff[coder->BOBL%coder->OutByteLength]=(unsigned
char)(coder->EOut_buff[coder->BOBL%coder->OutByteLength]^(unsigned char)
ucByte);
            coder->BOBL++;
        }
        coder->EOut_buff_loop = coder->EOut_buff_loop + 1;
    }
    // Encode by JielinCeo
    void Encode(WJLCoder *coder, unsigned char symbol)
    {
        unsigned int High = 0,i = 0;
        if (1 == symbol){// the Symbol 1
            coder->EFLow = coder->EFLow +  (unsigned int)((double)coder-
>EFRange * coder->p0);
            coder->EFRange = (unsigned int)((double)coder->EFRange * coder->p1
* coder->JIELINCOE);
        }else{
            coder->EFRange = (unsigned int)((double)coder->EFRange * coder->p0
* coder->JIELINCOE);
        }
        while(coder->EFRange <= coder->RC_MIN_RANGE){
            High = coder->EFLow + coder->EFRange - 1;
```

```
if(coder->EFFollow != 0) {
  if (High <= coder->RC_MAX_RANGE) {
    OutPutByte(coder, coder->EFDigits);
    for (i = 1; i <= coder->EFFollow - 1; ++i){
      OutPutByte(coder, 0xFF);
    }
    coder->EFFollow = 0;
    coder->EFLow = coder->EFLow + coder->RC_MAX_RANGE;
  } else if (coder->EFLow >= coder->RC_MAX_RANGE) {
    OutPutByte(coder, coder->EFDigits + 1);
    for (i = 1; i <= coder->EFFollow - 1; ++i){
      OutPutByte(coder, 0x00);
    }
    coder->EFFollow = 0;
  } else {
    coder->EFFollow += 1;
    coder->EFLow = (coder->EFLow << 8) & (coder->RC_MAX_
RANGE - 1);
    coder->EFRange = coder->EFRange << 8;
    continue;
  }
}
if (((coder->EFLow^High) & (0xFF << coder->RC_SHIFT_BITS)) == 0) {
  OutPutByte(coder, (unsigned char)(coder->EFLow >> coder->RC_
SHIFT_BITS));
}else{
  coder->EFLow = coder->EFLow - coder->RC_MAX_RANGE;
  coder->EFDigits = coder->EFLow >> coder->RC_SHIFT_BITS;
  coder->EFFollow = 1;
}
coder->EFLow = ( ( (coder->EFLow << 8) & (coder->RC_MAX_RANGE
- 1) ) | (coder->EFLow & coder->RC_MAX_RANGE) );
coder->EFRange = coder->EFRange << 8;
```

```
      }
    }
    // Finish Encode by JielinCeo
    void FinishEncode(WJLCoder *coder)
    {
       int n = 0;
       if (coder->EFFollow != 0) {
          if (coder->EFLow < coder->RC_MAX_RANGE) {
             OutPutByte(coder, coder->EFDigits);
             for (n = 1; n <= coder->EFFollow - 1; n++) {
                OutPutByte(coder, 0xFF);
             }
          } else {
             OutPutByte(coder, coder->EFDigits + 1);
             for (n = 1; n <= coder->EFFollow - 1; n++) {
                OutPutByte(coder, 0x00);
             }
          }
       }
       coder->EFLow = coder->EFLow << 1;
       n = coder->RC_CODE_BITS + 1;
       do {
          n -= 8;
          OutPutByte(coder, (unsigned char)(coder->EFLow >> n));
       } while (!(n <= 0));
    }
    // Initialization WJLCoder
    void InitializationWJLCoder(WJLCoder *coder)
    {
       coder->RC_CODE_BITS = 31;
       coder->RC_SHIFT_BITS = coder->RC_CODE_BITS - 8;
       coder->RC_MAX_RANGE = 1 << coder->RC_CODE_BITS;
       coder->RC_MIN_RANGE = 1 << coder->RC_SHIFT_BITS;
```

```
    coder->p0 = 0.0;
    coder->p1 = 0.0;
    coder->JIELINCOE = 0.0;
    coder->EFLow = coder->RC_MAX_RANGE;
    coder->EFRange = coder->RC_MAX_RANGE;
    coder->EFDigits = 0;
    coder->EFFollow = 0;
    coder->EOut_buff_loop = 0;
    coder->OutByteLength = 0;
}
// the main function
void WJLHA(unsigned char *InBytesBuFF, int InBytesBuFF_Length, int
keyt,unsigned char *OutBytesBuFF, int ByteLength)
{
    int i = 0, j = 0, tempInBytesBuFF_len = 0;
    unsigned char *tempInBytesBuFF;
    WJLCoder *wjlha;
    if(OutBytesBuFF == 0){
        OutBytesBuFF = (unsigned char *)malloc(ByteLength);
    }
    // Initialization WJLCoder Object
    wjlha = (WJLCoder *)malloc(sizeof(WJLCoder));
    InitializationWJLCoder(wjlha);
    wjlha->EOut_buff = (unsigned char *)malloc(ByteLength);
    wjlha->OutByteLength = ByteLength;
    wjlha->BOBL = 0;
    // First, check and Supplementary bytes
    if(InBytesBuFF_Length < ByteLength * 10){
        tempInBytesBuFF = (unsigned char *)malloc(ByteLength * 10);
        for(i = 0; i < InBytesBuFF_Length; ++ i) {
            tempInBytesBuFF[i] = InBytesBuFF[i];
        }
        for(; i < ByteLength * 10; ++ i) {
```

```
        tempInBytesBuFF[i] = (unsigned char)(InBytesBuFF[InBytesBuFF_
Length − 1] + i);
    }
    tempInBytesBuFF_len = ByteLength * 10;
  }else {
    tempInBytesBuFF = InBytesBuFF;
    tempInBytesBuFF_len = InBytesBuFF_Length;
  }
  // Calculated GetJieLinCoeV
  GetJieLinCoeV(wjlha, tempInBytesBuFF, tempInBytesBuFF_len);
  // Implant password
  if(keyt > 0){
    ChangeKeyt(wjlha, keyt);
  }
  // Second, Entropy coding by Weighted Probability Model
  for(i = 0; i < tempInBytesBuFF_len; ++i) {
    for(j = 0; j < 8; ++j) {
      Encode(wjlha, bitOfByteTable[(int)tempInBytesBuFF[i]][j]);
    }
  }
  FinishEncode(wjlha);
  for(i = 0; i < ByteLength; ++i){
    OutBytesBuFF[i] = wjlha->EOut_buff[i];
  }
  // Free memory
  free(wjlha->EOut_buff);
  free(wjlha);
}
```

6.1.2 WJLHA2.0.1 增强哈希值的随机程度

文件名：WJLHashAlgorithm.h

```
/**********************************************************
```

* Based on Weighted Probability Model Code(Jielin Code), the secure hash algorithm of hash value length and digital password can be customized.

* 1. Fixed some BUG

* 2. Synchronize release C and Java releases

* @author JieLin Wang(China)

* @testing Aamir(Pakistan), Lei Xiao(China)

* @copyright JieLin Wang 2020-08-18

* @Version 2.0.1

* @email 254908447@qq.com

*/

#ifndef _WJLHashAlgorithm_h

#define _WJLHashAlgorithm_h

/***

the main Wang Jie lin hash function

InBytesBuFF: the first address of bytes cache waiting to be encoding.

InBytesBuFF_Length: the bytes cache length.

keyt: digital key, 0-999999,by user-defined or system-defined.

ByteLength: the hash value's byte length, by user-defined or system-defined.

****

void WJLHA(unsigned char *InBytesBuFF, int InBytesBuFF_Length, int keyt, unsigned char *OutBytesBuFF, int ByteLength);

#endif

文件名：WJLHashAlgorithm.c

#include "WJLHashAlgorithm.h"

#include "math.h"

#include "stdlib.h"

extern const unsigned char bitOfByteTable[256][8];

// Jielincode Encoding Struct

typedef struct

{

　　unsigned int RC_CODE_BITS;

　　unsigned int RC_SHIFT_BITS;

　　unsigned int RC_MAX_RANGE;

```
        unsigned int RC_MIN_RANGE;
        double p0;
        double p1;
        double JIELINCOE;
        unsigned int EFLow;
        unsigned int EFRange;
        unsigned int EFDigits;
        unsigned int EFFollow;
        unsigned int EOut_buff_loop;
        unsigned char *EOut_buff;
        int OutByteLength;
        int BOBL;
    }WJLCoder;
    // Bit value at each position in each byte
    const unsigned char bitOfByteTable[256][8] =   {
        {0,0,0,0,0,0,0,0},{0,0,0,0,0,0,0,1},{0,0,0,0,0,0,1,0},{0,0,0,0,0,0,1,1},{0,0,0,0,
0,1,0,0},{0,0,0,0,0,1,0,1},{0,0,0,0,0,1,1,0},{0,0,0,0,0,1,1,1},   //0 ~ 7
        {0,0,0,0,1,0,0,0},{0,0,0,0,1,0,0,1},{0,0,0,0,1,0,1,0},{0,0,0,0,1,0,1,1},{0,0,0,0,
1,1,0,0},{0,0,0,0,1,1,0,1},{0,0,0,0,1,1,1,0},{0,0,0,0,1,1,1,1},   //8 ~ 15
        {0,0,0,1,0,0,0,0},{0,0,0,1,0,0,0,1},{0,0,0,1,0,0,1,0},{0,0,0,1,0,0,1,1},{0,0,0,1,
0,1,0,0},{0,0,0,1,0,1,0,1},{0,0,0,1,0,1,1,0},{0,0,0,1,0,1,1,1},   //16 ~ 23
        {0,0,0,1,1,0,0,0},{0,0,0,1,1,0,0,1},{0,0,0,1,1,0,1,0},{0,0,0,1,1,0,1,1},{0,0,0,1,
1,1,0,0},{0,0,0,1,1,1,0,1},{0,0,0,1,1,1,1,0},{0,0,0,1,1,1,1,1},   //24 ~ 31
        {0,0,1,0,0,0,0,0},{0,0,1,0,0,0,0,1},{0,0,1,0,0,0,1,0},{0,0,1,0,0,0,1,1},{0,0,1,0,
0,1,0,0},{0,0,1,0,0,1,0,1},{0,0,1,0,0,1,1,0},{0,0,1,0,0,1,1,1},   //32 ~ 39
        {0,0,1,0,1,0,0,0},{0,0,1,0,1,0,0,1},{0,0,1,0,1,0,1,0},{0,0,1,0,1,0,1,1},{0,0,1,0,
1,1,0,0},{0,0,1,0,1,1,0,1},{0,0,1,0,1,1,1,0},{0,0,1,0,1,1,1,1},   //40 ~ 47
        {0,0,1,1,0,0,0,0},{0,0,1,1,0,0,0,1},{0,0,1,1,0,0,1,0},{0,0,1,1,0,0,1,1},{0,0,1,1,
0,1,0,0},{0,0,1,1,0,1,0,1},{0,0,1,1,0,1,1,0},{0,0,1,1,0,1,1,1},   //48 ~ 55
        {0,0,1,1,1,0,0,0},{0,0,1,1,1,0,0,1},{0,0,1,1,1,0,1,0},{0,0,1,1,1,0,1,1},{0,0,1,1,
1,1,0,0},{0,0,1,1,1,1,0,1},{0,0,1,1,1,1,1,0},{0,0,1,1,1,1,1,1},   //56 ~ 63
        {0,1,0,0,0,0,0,0},{0,1,0,0,0,0,0,1},{0,1,0,0,0,0,1,0},{0,1,0,0,0,0,1,1},{0,1,0,0,
0,1,0,0},{0,1,0,0,0,1,0,1},{0,1,0,0,0,1,1,0},{0,1,0,0,0,1,1,1},   //64 ~ 71
```

{0,1,0,0,1,0,0,0},{0,1,0,0,1,0,0,1},{0,1,0,0,1,0,1,0},{0,1,0,0,1,0,1,1},{0,1,0,0,
1,1,0,0},{0,1,0,0,1,1,0,1},{0,1,0,0,1,1,1,0},{0,1,0,0,1,1,1,1},　//72 ～ 79

{0,1,0,1,0,0,0,0},{0,1,0,1,0,0,0,1},{0,1,0,1,0,0,1,0},{0,1,0,1,0,0,1,1},{0,1,0,1,
0,1,0,0},{0,1,0,1,0,1,0,1},{0,1,0,1,0,1,1,0},{0,1,0,1,0,1,1,1},　//80 ～ 87

{0,1,0,1,1,0,0,0},{0,1,0,1,1,0,0,1},{0,1,0,1,1,0,1,0},{0,1,0,1,1,0,1,1},{0,1,0,1,
1,1,0,0},{0,1,0,1,1,1,0,1},{0,1,0,1,1,1,1,0},{0,1,0,1,1,1,1,1},　//88 ～ 95

{0,1,1,0,0,0,0,0},{0,1,1,0,0,0,0,1},{0,1,1,0,0,0,1,0},{0,1,1,0,0,0,1,1},{0,1,1,0,
0,1,0,0},{0,1,1,0,0,1,0,1},{0,1,1,0,0,1,1,0},{0,1,1,0,0,1,1,1},　//96 ～ 103

{0,1,1,0,1,0,0,0},{0,1,1,0,1,0,0,1},{0,1,1,0,1,0,1,0},{0,1,1,0,1,0,1,1},{0,1,1,0,
1,1,0,0},{0,1,1,0,1,1,0,1},{0,1,1,0,1,1,1,0},{0,1,1,0,1,1,1,1},　//104 ～ 111

{0,1,1,1,0,0,0,0},{0,1,1,1,0,0,0,1},{0,1,1,1,0,0,1,0},{0,1,1,1,0,0,1,1},{0,1,1,1,
0,1,0,0},{0,1,1,1,0,1,0,1},{0,1,1,1,0,1,1,0},{0,1,1,1,0,1,1,1},　//112 ～ 119

{0,1,1,1,1,0,0,0},{0,1,1,1,1,0,0,1},{0,1,1,1,1,0,1,0},{0,1,1,1,1,0,1,1},{0,1,1,1,
1,1,0,0},{0,1,1,1,1,1,0,1},{0,1,1,1,1,1,1,0},{0,1,1,1,1,1,1,1},　//120 ～ 127

{1,0,0,0,0,0,0,0},{1,0,0,0,0,0,0,1},{1,0,0,0,0,0,1,0},{1,0,0,0,0,0,1,1},{1,0,0,0,
0,1,0,0},{1,0,0,0,0,1,0,1},{1,0,0,0,0,1,1,0},{1,0,0,0,0,1,1,1},　//128 ～ 135

{1,0,0,0,1,0,0,0},{1,0,0,0,1,0,0,1},{1,0,0,0,1,0,1,0},{1,0,0,0,1,0,1,1},{1,0,0,0,
1,1,0,0},{1,0,0,0,1,1,0,1},{1,0,0,0,1,1,1,0},{1,0,0,0,1,1,1,1},　//136 ～ 143

{1,0,0,1,0,0,0,0},{1,0,0,1,0,0,0,1},{1,0,0,1,0,0,1,0},{1,0,0,1,0,0,1,1},{1,0,0,1,
0,1,0,0},{1,0,0,1,0,1,0,1},{1,0,0,1,0,1,1,0},{1,0,0,1,0,1,1,1},　//144 ～ 151

{1,0,0,1,1,0,0,0},{1,0,0,1,1,0,0,1},{1,0,0,1,1,0,1,0},{1,0,0,1,1,0,1,1},{1,0,0,1,
1,1,0,0},{1,0,0,1,1,1,0,1},{1,0,0,1,1,1,1,0},{1,0,0,1,1,1,1,1},　//152 ～ 159

{1,0,1,0,0,0,0,0},{1,0,1,0,0,0,0,1},{1,0,1,0,0,0,1,0},{1,0,1,0,0,0,1,1},{1,0,1,0,
0,1,0,0},{1,0,1,0,0,1,0,1},{1,0,1,0,0,1,1,0},{1,0,1,0,0,1,1,1},　//160 ～ 167

{1,0,1,0,1,0,0,0},{1,0,1,0,1,0,0,1},{1,0,1,0,1,0,1,0},{1,0,1,0,1,0,1,1},{1,0,1,0,
1,1,0,0},{1,0,1,0,1,1,0,1},{1,0,1,0,1,1,1,0},{1,0,1,0,1,1,1,1},　//168 ～ 175

{1,0,1,1,0,0,0,0},{1,0,1,1,0,0,0,1},{1,0,1,1,0,0,1,0},{1,0,1,1,0,0,1,1},{1,0,1,1,
0,1,0,0},{1,0,1,1,0,1,0,1},{1,0,1,1,0,1,1,0},{1,0,1,1,0,1,1,1},　//176 ～ 183

{1,0,1,1,1,0,0,0},{1,0,1,1,1,0,0,1},{1,0,1,1,1,0,1,0},{1,0,1,1,1,0,1,1},{1,0,1,1,
1,1,0,0},{1,0,1,1,1,1,0,1},{1,0,1,1,1,1,1,0},{1,0,1,1,1,1,1,1},　//184 ～ 191

{1,1,0,0,0,0,0,0},{1,1,0,0,0,0,0,1},{1,1,0,0,0,0,1,0},{1,1,0,0,0,0,1,1},{1,1,0,0,
0,1,0,0},{1,1,0,0,0,1,0,1},{1,1,0,0,0,1,1,0},{1,1,0,0,0,1,1,1},　//192 ～ 199

{1,1,0,0,1,0,0,0},{1,1,0,0,1,0,0,1},{1,1,0,0,1,0,1,0},{1,1,0,0,1,0,1,1},{1,1,0,0,1,1,0,0},{1,1,0,0,1,1,0,1},{1,1,0,0,1,1,1,0},{1,1,0,0,1,1,1,1},   //200 ～ 207

{1,1,0,1,0,0,0,0},{1,1,0,1,0,0,0,1},{1,1,0,1,0,0,1,0},{1,1,0,1,0,0,1,1},{1,1,0,1,0,1,0,0},{1,1,0,1,0,1,0,1},{1,1,0,1,0,1,1,0},{1,1,0,1,0,1,1,1},   //208 ～ 215

{1,1,0,1,1,0,0,0},{1,1,0,1,1,0,0,1},{1,1,0,1,1,0,1,0},{1,1,0,1,1,0,1,1},{1,1,0,1,1,1,0,0},{1,1,0,1,1,1,0,1},{1,1,0,1,1,1,1,0},{1,1,0,1,1,1,1,1},   //216 ～ 223

{1,1,1,0,0,0,0,0},{1,1,1,0,0,0,0,1},{1,1,1,0,0,0,1,0},{1,1,1,0,0,0,1,1},{1,1,1,0,0,1,0,0},{1,1,1,0,0,1,0,1},{1,1,1,0,0,1,1,0},{1,1,1,0,0,1,1,1},   //224 ～ 231

{1,1,1,0,1,0,0,0},{1,1,1,0,1,0,0,1},{1,1,1,0,1,0,1,0},{1,1,1,0,1,0,1,1},{1,1,1,0,1,1,0,0},{1,1,1,0,1,1,0,1},{1,1,1,0,1,1,1,0},{1,1,1,0,1,1,1,1},   //232 ～ 239

{1,1,1,1,0,0,0,0},{1,1,1,1,0,0,0,1},{1,1,1,1,0,0,1,0},{1,1,1,1,0,0,1,1},{1,1,1,1,0,1,0,0},{1,1,1,1,0,1,0,1},{1,1,1,1,0,1,1,0},{1,1,1,1,0,1,1,1},   //240 ～ 247

{1,1,1,1,1,0,0,0},{1,1,1,1,1,0,0,1},{1,1,1,1,1,0,1,0},{1,1,1,1,1,0,1,1},{1,1,1,1,1,1,0,0},{1,1,1,1,1,1,0,1},{1,1,1,1,1,1,1,0},{1,1,1,1,1,1,1,1}   //248 ～ 255
};

```
// Implanting a digital password into the Jielin code coefficient
void ChangeKeyt(WJLCoder *wjlcode, int keyt)
{
    if(keyt < 1000.0 && keyt > 0){
        wjlcode->JIELINCOE = wjlcode->JIELINCOE - (1.0 / ((double)keyt + 1000.0));
    }else if(keyt >= 1000.0){
        wjlcode->JIELINCOE = wjlcode->JIELINCOE - (1.0 / (double)keyt);
    }
}
```

// The probability of symbol 0 in statistical InBuFF is calculated, and the coefficient of Jilin code is obtained according to the probability and ByteLength of symbol 0. This function is obtained according to the theory of Jielin code

```
void GetJieLinCoeV(WJLCoder *wjlha, unsigned char *InBuFF, int InBuFFLen)
{
    int i, j, Count0 = 0;
    double H = 0;
    // Number of statistical symbols 0
```

```
for(i = 0; i < lnBuFFLen; ++i){
    for(j = 0; j < 8; ++ j) {
        if(bitOfByteTable[(int)InBuFF[i]][j] == 0) {
            Count0 ++;
        }
    }
}
// Get the probability p0 of symbol 0 and the probability p1 of symbol 1
wjlha->p0 = (double)Count0 / (double)(InBuFFLen * 8.0);
wjlha->p1 = 1.0 – wjlha->p0;
// Binary sequences of all 0 or all 1 need to be preprocessed
if(wjlha->p0 == 0.0){
    wjlha->p0 = 0.0000000001;
    wjlha->p1 = 1.0 – wjlha->p0;
}else if(wjlha->p1 == 0.0){
    wjlha->p1 = 0.0000000001;
    wjlha->p0 = 1.0 – wjlha->p1;
}
// get the standard information entropy
H = –wjlha->p0 * (log(wjlha->p0)/log(2.0))– wjlha->p1 * (log(wjlha->p1)/
log(2.0));
    // get the Jielin code coefficient
    wjlha->JIELINCOE = pow( 2.0, H – ( ((double)wjlha->OutByteLength) /
(double)InBuFFLen ));
}
// Output bytes to cache and weighted encoding
void OutPutByte(WJLCoder *coder, unsigned char ucByte)
{
    if(coder->BOBL != –1){
        if(coder->EOut_buff_loop < coder->OutByteLength) {
            coder->EOut_buff[coder->EOut_buff_loop]=ucByte;
        } else {
            // A small number of bytes perform XOR operations in the EOut_buff
```

```
        coder->EOut_buff[coder->BOBL%coder->OutByteLength] = (unsigned
char) (coder->EOut_buff[coder->BOBL%coder->OutByteLength]^(unsigned char)
ucByte);
        coder->BOBL++;
    }
  }else{
    coder->EOut_buff[coder->EOut_buff_loop] = ucByte;
  }
  coder->EOut_buff_loop = coder->EOut_buff_loop + 1;
}
// Encode by JielinCeo
void Encode(WJLCoder *coder, unsigned char symbol)
{
  unsigned int High = 0,i = 0;
  if (1 == symbol){// the Symbol 1
    coder->EFLow = coder->EFLow +  (unsigned int)((double)coder->EFRange * coder->p0);
    coder->EFRange = (unsigned int)((double)coder->EFRange * coder->p1 * coder->JIELINCOE);
  }else{
    coder->EFRange = (unsigned int)((double)coder->EFRange * coder->p0 * coder->JIELINCOE);
  }
  while(coder->EFRange <= coder->RC_MIN_RANGE){
    High = coder->EFLow + coder->EFRange - 1;
    if(coder->EFFollow != 0) {
      if (High <= coder->RC_MAX_RANGE) {
        OutPutByte(coder, coder->EFDigits);
        for (i = 1; i <= coder->EFFollow - 1; ++i){
          OutPutByte(coder, 0xFF);
        }
        coder->EFFollow = 0;
        coder->EFLow = coder->EFLow + coder->RC_MAX_RANGE;
```

```
        } else if (coder->EFLow >= coder->RC_MAX_RANGE) {
            OutPutByte(coder, coder->EFDigits + 1);
            for (i = 1; i <= coder->EFFollow - 1; ++i){
                OutPutByte(coder, 0x00);
            }
            coder->EFFollow = 0;
        } else {
            coder->EFFollow += 1;
            coder->EFLow = (coder->EFLow << 8) & (coder->RC_MAX_
RANGE - 1);
            coder->EFRange = coder->EFRange << 8;
            continue;
        }
    }
    if (((coder->EFLow^High) & (0xFF << coder->RC_SHIFT_BITS)) == 0) {
        OutPutByte(coder, (unsigned char)(coder->EFLow >> coder->RC_
SHIFT_BITS));
    }else{
        coder->EFLow = coder->EFLow - coder->RC_MAX_RANGE;
        coder->EFDigits = coder->EFLow >> coder->RC_SHIFT_BITS;
        coder->EFFollow = 1;
    }
    coder->EFLow = ( ( (coder->EFLow << 8) & (coder->RC_MAX_RANGE
- 1) ) | (coder->EFLow & coder->RC_MAX_RANGE) );
    coder->EFRange = coder->EFRange << 8;
    }
}
// Finish Encode by JielinCeo
void FinishEncode(WJLCoder *coder)
{
    int n = 0;
    if (coder->EFFollow != 0) {
        if (coder->EFLow < coder->RC_MAX_RANGE) {
```

```
            OutPutByte(coder, coder->EFDigits);
            for (n = 1; n <= coder->EFFollow - 1; n++) {
              OutPutByte(coder, 0xFF);
            }
        } else {
            OutPutByte(coder, coder->EFDigits + 1);
            for (n = 1; n <= coder->EFFollow - 1; n++) {
              OutPutByte(coder, 0x00);
            }
        }
    }
    coder->EFLow = coder->EFLow << 1;
    n = coder->RC_CODE_BITS + 1;
    do {
       n -= 8;
       OutPutByte(coder, (unsigned char)(coder->EFLow >> n));
    } while (!(n <= 0));
}
// Initialization WJLCoder
void InitializationWJLCoder(WJLCoder *coder)
{
    coder->RC_CODE_BITS = 31;
    coder->RC_SHIFT_BITS = coder->RC_CODE_BITS - 8;
    coder->RC_MAX_RANGE = 1 << coder->RC_CODE_BITS;
    coder->RC_MIN_RANGE = 1 << coder->RC_SHIFT_BITS;
    coder->p0 = 0.0;
    coder->p1 = 0.0;
    coder->JIELINCOE = 0.0;
    coder->EFLow = coder->RC_MAX_RANGE;
    coder->EFRange = coder->RC_MAX_RANGE;
    coder->EFDigits = 0;
    coder->EFFollow = 0;
    coder->EOut_buff_loop = 0;
```

```
    coder->OutByteLength = 0;
}
// the main function
void WJLHA(unsigned char *InBytesBuFF, int InBytesBuFF_Length, int
keyt,unsigned char *OutBytesBuFF, int ByteLength)
{
    int i = 0, j = 0, Count0 = 0, tempInBytesBuFF_len = 0;
    unsigned char *tempInBytesBuFF;
    double H = 0.0;
    WJLCoder *wjlcoder;
    WJLCoder *wjlha;
    if(OutBytesBuFF == 0){
        OutBytesBuFF = (unsigned char *)malloc(ByteLength);
    }
    // Initialization WJLCoder Object
    wjlcoder = (WJLCoder *)malloc(sizeof(WJLCoder));
    wjlha = (WJLCoder *)malloc(sizeof(WJLCoder));
    InitializationWJLCoder(wjlcoder);
    InitializationWJLCoder(wjlha);
    wjlha->EOut_buff = (unsigned char *)malloc(ByteLength);
    wjlha->OutByteLength = ByteLength;
    wjlha->BOBL = 0;
    wjlcoder->BOBL = -1;
    // First, check and Supplementary bytes
    if(InBytesBuFF_Length < ByteLength * 10){
        tempInBytesBuFF = (unsigned char *)malloc(ByteLength * 10);
        for(i = 0; i < InBytesBuFF_Length; ++ i) {
            tempInBytesBuFF[i] = InBytesBuFF[i];
        }
        for(; i < ByteLength * 10; ++ i) {
            tempInBytesBuFF[i] = (unsigned char)(InBytesBuFF[InBytesBuFF_
Length - 1] + i);
        }
```

```
        tempInBytesBuFF_len = ByteLength * 10;
    }else {
        tempInBytesBuFF = InBytesBuFF;
        tempInBytesBuFF_len = InBytesBuFF_Length;
    }
    // Calculate the number of symbols 0
    for(i = 0; i < tempInBytesBuFF_len; ++ i) {
        for(j = 0; j < 8; ++ j) {
            if(bitOfByteTable[(int)tempInBytesBuFF[i]][j] == 0) {
                Count0 ++;
            }
        }
    }
    wjlcoder->p0 = (double)Count0 / (double)(tempInBytesBuFF_len*8.0) ;
    wjlcoder->p1 = 1.0 - wjlcoder->p0;
    // Calculated information entropy
    H = -wjlcoder->p0 * (log(wjlcoder->p0)/log(2.0))- wjlcoder->p1 *
(log(wjlcoder->p1)/log(2.0));
        wjlcoder->EOut_buff = (unsigned char *)malloc((int)(H * (double)
tempInBytesBuFF_len) + ByteLength * 200);
        wjlcoder->EOut_buff_loop = 0;
        wjlcoder->JIELINCOE = 1.0;
        wjlcoder->OutByteLength = ByteLength;
    // Implant password
    if(keyt > 0){
        ChangeKeyt(wjlcoder, keyt);
    }
    // Second, Entropy coding by Weighted Probability Model
    for(i = 0; i < tempInBytesBuFF_len; ++i) {
        for(j = 0; j < 8; ++ j) {
            Encode(wjlcoder, bitOfByteTable[(int)tempInBytesBuFF[i]][j]);
        }
    }
```

```
FinishEncode(wjlcoder);
// Third, Hash Algorithm for Weighted Probability Model
GetJieLinCoeV(wjlha, wjlcoder->EOut_buff, wjlcoder->EOut_buff_loop);
for(i = 0; i < wjlcoder->EOut_buff_loop; ++i) {
    for(j = 0; j < 8; ++ j) {
        Encode(wjlha, bitOfByteTable[(int)wjlcoder->EOut_buff[i]][j]);
    }
}
FinishEncode(wjlha);
for(i = 0; i < ByteLength; ++i){
    OutBytesBuFF[i] = wjlha->EOut_buff[i];
}
// Free memory
free(wjlcoder->EOut_buff);
free(wjlcoder);
free(wjlha->EOut_buff);
free(wjlha);
}
```

文件名：main.c

```
#include "WJLHashAlgorithm.h"
#include <stdio.h>
#include <string.h>
#include <stdlib.h>
#include <windows.h>
#include <time.h>
#include <math.h>
#ifdef WIN32
#define inline__inline
#endif
int main(){
    int i = 0, tmp = 0;
    int In_BUFF_Len = 15678;
    int ByteLength = 32;
```

```
int keyt = 0;
unsigned char *In_BUFF;
unsigned char *Out_BUFF;
In_BUFF = (unsigned char *)malloc(In_BUFF_Len);
Out_BUFF = (unsigned char *)malloc(ByteLength);
for(i = 0; i < In_BUFF_Len; ++i){
    In_BUFF[i] = (unsigned char)(i % 256); //  (char)(Math.random() * 255);
}
printf("\n");
WJLHA(In_BUFF, In_BUFF_Len, keyt, Out_BUFF, ByteLength);
printf("\n 有符号 WJLHA : ");
for(i = 0; i < ByteLength; ++i){
    printf("%d,",(char)Out_BUFF[i]);
}
printf("\n");
printf("\n 无符号 WJLHA : ");
for(i = 0; i < ByteLength; ++i){
    printf("%d,",Out_BUFF[i]);
}
printf("\n");
system("pause");
return 0;

}
```

6.2   二进制加权概率模型 Hash 算法 Java 实现

6.2.1   WJLHA2.1.0 算法实现，效率优于 WJLHA2.0.1 版

文件名：WJLHashAlgorithm.java

```
package WJLHA1;
/***********************************************************
```

* Based on Weighted Probability Model Code(Jielin Code), the secure hash algorithm of * hash value length and digital password can be customized.

* 1. Fixed some Bug and digital coding efficiency

* 2. synchronize release C and Java releases

* @author JieLin Wang(China)

* @testing Aamir(Pakistan), Lei Xiao(China)

* @copyright JieLin Wang 2020-09-02

* @Version 2.1.0

* @email 254908447@qq.com

*/

public class WJLHashAlgorithm {

　// Jielincode Encoding Object

　　private class WJLCoder{

　　　// Use 32bit Variable and not use the signed, so 31bit of int

　　　public int RC_CODE_BITS = 31;

　　　// 31 - 8 = 23, Subtract 8 because neet to leave one byte space.

　　　public int RC_SHIFT_BITS = RC_CODE_BITS - 8;

　　　// Maximum value of interval.

　　　public long RC_MAX_RANGE = UInt((1L << RC_CODE_BITS));

　　　// Minimum value of interval, Maximum value is one byte larger than the minimum.

　　　public long RC_MIN_RANGE = UInt((1L << RC_SHIFT_BITS));

　　　// the probability Of symbol 0

　　　public double probabilityOfZeros = 0.0;

　　　// the probability Of symbol 1

　　　public double probabilityOfOnes = 0.0;

　　　// JieLin Code Coefficient

　　　public double JIELINCOE = 0.0;

　　　// interval subscript

　　　public long EFLow = RC_MAX_RANGE;

　　　// interval length

　　　public long EFRange = RC_MAX_RANGE;

　　　// Delayed value output

```
public int EFDigits = 0;
// the Delayed value count
public int EFFollow = 0;
// Array subscript pointer by EOut_buff
public int EOut_buff_loop = 0;
// Hash Value cache array
public byte[] EOut_buff;
// Hash Value Byte Length
public int OutByteLength = 0;
// the sign for Coding loop
public int BOBL = 0;

private double getProbabilityOfZeros() {
    return probabilityOfZeros;
}
private void setProbabilityOfZeros(double probabilityOfZeros) {
    this.probabilityOfZeros = probabilityOfZeros;
}
private double getProbabilityOfOnes() {
    return probabilityOfOnes;
}
private void setProbabilityOfOnes(double probabilityOfOnes) {
    this.probabilityOfOnes = probabilityOfOnes;
}
public void SetEOut_buff(int Length) {
    EOut_buff = new byte[Length];
}
public void SetEOut_buff_loop(int Length) {
    EOut_buff_loop = Length;
}
// To convert signed int to unsigned int
public long UInt(long value) {
    long result = value;
```

```
            if (value > 0xffffffffL) {
                result = (value % 0xffffffffL) - 1;
            } else if (value < 0) {
                result = value + 0xffffffffL + 1;
            }
            if (result < 0) {
                result = UInt(result);
            }
            return result;
        }
    }
    // Bit value at each position in each byte
    private byte[][] bitOfByteTable ={
        {0,0,0,0,0,0,0,0},{0,0,0,0,0,0,0,1},{0,0,0,0,0,0,1,0},{0,0,0,0,0,0,1,1},{
0,0,0,0,0,1,0,0},{0,0,0,0,0,1,0,1},{0,0,0,0,0,1,1,0},{0,0,0,0,0,1,1,1},   //0 ～ 7
        {0,0,0,0,1,0,0,0},{0,0,0,0,1,0,0,1},{0,0,0,0,1,0,1,0},{0,0,0,0,1,0,1,1},{
0,0,0,0,1,1,0,0},{0,0,0,0,1,1,0,1},{0,0,0,0,1,1,1,0},{0,0,0,0,1,1,1,1},   //8 ～ 15
        {0,0,0,1,0,0,0,0},{0,0,0,1,0,0,0,1},{0,0,0,1,0,0,1,0},{0,0,0,1,0,0,1,1},{
0,0,0,1,0,1,0,0},{0,0,0,1,0,1,0,1},{0,0,0,1,0,1,1,0},{0,0,0,1,0,1,1,1},   //16 ～ 23
        {0,0,0,1,1,0,0,0},{0,0,0,1,1,0,0,1},{0,0,0,1,1,0,1,0},{0,0,0,1,1,0,1,1},{
0,0,0,1,1,1,0,0},{0,0,0,1,1,1,0,1},{0,0,0,1,1,1,1,0},{0,0,0,1,1,1,1,1},   //24 ～ 31
        {0,0,1,0,0,0,0,0},{0,0,1,0,0,0,0,1},{0,0,1,0,0,0,1,0},{0,0,1,0,0,0,1,1},{
0,0,1,0,0,1,0,0},{0,0,1,0,0,1,0,1},{0,0,1,0,0,1,1,0},{0,0,1,0,0,1,1,1},   //32 ～ 39
        {0,0,1,0,1,0,0,0},{0,0,1,0,1,0,0,1},{0,0,1,0,1,0,1,0},{0,0,1,0,1,0,1,1},{
0,0,1,0,1,1,0,0},{0,0,1,0,1,1,0,1},{0,0,1,0,1,1,1,0},{0,0,1,0,1,1,1,1},   //40 ～ 47
        {0,0,1,1,0,0,0,0},{0,0,1,1,0,0,0,1},{0,0,1,1,0,0,1,0},{0,0,1,1,0,0,1,1},{
0,0,1,1,0,1,0,0},{0,0,1,1,0,1,0,1},{0,0,1,1,0,1,1,0},{0,0,1,1,0,1,1,1},   //48 ～ 55
        {0,0,1,1,1,0,0,0},{0,0,1,1,1,0,0,1},{0,0,1,1,1,0,1,0},{0,0,1,1,1,0,1,1},{
0,0,1,1,1,1,0,0},{0,0,1,1,1,1,0,1},{0,0,1,1,1,1,1,0},{0,0,1,1,1,1,1,1},   //56 ～ 63
        {0,1,0,0,0,0,0,0},{0,1,0,0,0,0,0,1},{0,1,0,0,0,0,1,0},{0,1,0,0,0,0,1,1},{
0,1,0,0,0,1,0,0},{0,1,0,0,0,1,0,1},{0,1,0,0,0,1,1,0},{0,1,0,0,0,1,1,1},   //64 ～ 71
        {0,1,0,0,1,0,0,0},{0,1,0,0,1,0,0,1},{0,1,0,0,1,0,1,0},{0,1,0,0,1,0,1,1},{
0,1,0,0,1,1,0,0},{0,1,0,0,1,1,0,1},{0,1,0,0,1,1,1,0},{0,1,0,0,1,1,1,1},   //72 ～ 79
```

{0,1,0,1,0,0,0,0},{0,1,0,1,0,0,0,1},{0,1,0,1,0,0,1,0},{0,1,0,1,0,0,1,1},{
0,1,0,1,0,1,0,0},{0,1,0,1,0,1,0,1},{0,1,0,1,0,1,1,0},{0,1,0,1,0,1,1,1},   //80 ～ 87
{0,1,0,1,1,0,0,0},{0,1,0,1,1,0,0,1},{0,1,0,1,1,0,1,0},{0,1,0,1,1,0,1,1},{
0,1,0,1,1,1,0,0},{0,1,0,1,1,1,0,1},{0,1,0,1,1,1,1,0},{0,1,0,1,1,1,1,1},   //88 ～ 95
{0,1,1,0,0,0,0,0},{0,1,1,0,0,0,0,1},{0,1,1,0,0,0,1,0},{0,1,1,0,0,0,1,1},{
0,1,1,0,0,1,0,0},{0,1,1,0,0,1,0,1},{0,1,1,0,0,1,1,0},{0,1,1,0,0,1,1,1},   //96 ～ 103
{0,1,1,0,1,0,0,0},{0,1,1,0,1,0,0,1},{0,1,1,0,1,0,1,0},{0,1,1,0,1,0,1,1},{
0,1,1,0,1,1,0,0},{0,1,1,0,1,1,0,1},{0,1,1,0,1,1,1,0},{0,1,1,0,1,1,1,1},   //104 ～ 111
{0,1,1,1,0,0,0,0},{0,1,1,1,0,0,0,1},{0,1,1,1,0,0,1,0},{0,1,1,1,0,0,1,1},{
0,1,1,1,0,1,0,0},{0,1,1,1,0,1,0,1},{0,1,1,1,0,1,1,0},{0,1,1,1,0,1,1,1},   //112 ～ 119
{0,1,1,1,1,0,0,0},{0,1,1,1,1,0,0,1},{0,1,1,1,1,0,1,0},{0,1,1,1,1,0,1,1},{
0,1,1,1,1,1,0,0},{0,1,1,1,1,1,0,1},{0,1,1,1,1,1,1,0},{0,1,1,1,1,1,1,1},   //120 ～ 127
{1,0,0,0,0,0,0,0},{1,0,0,0,0,0,0,1},{1,0,0,0,0,0,1,0},{1,0,0,0,0,0,1,1},{
1,0,0,0,0,1,0,0},{1,0,0,0,0,1,0,1},{1,0,0,0,0,1,1,0},{1,0,0,0,0,1,1,1},   //128 ～ 135
{1,0,0,0,1,0,0,0},{1,0,0,0,1,0,0,1},{1,0,0,0,1,0,1,0},{1,0,0,0,1,0,1,1},{
1,0,0,0,1,1,0,0},{1,0,0,0,1,1,0,1},{1,0,0,0,1,1,1,0},{1,0,0,0,1,1,1,1},   //136 ～ 143
{1,0,0,1,0,0,0,0},{1,0,0,1,0,0,0,1},{1,0,0,1,0,0,1,0},{1,0,0,1,0,0,1,1},{
1,0,0,1,0,1,0,0},{1,0,0,1,0,1,0,1},{1,0,0,1,0,1,1,0},{1,0,0,1,0,1,1,1},   //144 ～ 151
{1,0,0,1,1,0,0,0},{1,0,0,1,1,0,0,1},{1,0,0,1,1,0,1,0},{1,0,0,1,1,0,1,1},{
1,0,0,1,1,1,0,0},{1,0,0,1,1,1,0,1},{1,0,0,1,1,1,1,0},{1,0,0,1,1,1,1,1},   //152 ～ 159
{1,0,1,0,0,0,0,0},{1,0,1,0,0,0,0,1},{1,0,1,0,0,0,1,0},{1,0,1,0,0,0,1,1},{
1,0,1,0,0,1,0,0},{1,0,1,0,0,1,0,1},{1,0,1,0,0,1,1,0},{1,0,1,0,0,1,1,1},   //160 ～ 167
{1,0,1,0,1,0,0,0},{1,0,1,0,1,0,0,1},{1,0,1,0,1,0,1,0},{1,0,1,0,1,0,1,1},{
1,0,1,0,1,1,0,0},{1,0,1,0,1,1,0,1},{1,0,1,0,1,1,1,0},{1,0,1,0,1,1,1,1},   //168 ～ 175
{1,0,1,1,0,0,0,0},{1,0,1,1,0,0,0,1},{1,0,1,1,0,0,1,0},{1,0,1,1,0,0,1,1},{
1,0,1,1,0,1,0,0},{1,0,1,1,0,1,0,1},{1,0,1,1,0,1,1,0},{1,0,1,1,0,1,1,1},   //176 ～ 183
{1,0,1,1,1,0,0,0},{1,0,1,1,1,0,0,1},{1,0,1,1,1,0,1,0},{1,0,1,1,1,0,1,1},{
1,0,1,1,1,1,0,0},{1,0,1,1,1,1,0,1},{1,0,1,1,1,1,1,0},{1,0,1,1,1,1,1,1},   //184 ～ 191
{1,1,0,0,0,0,0,0},{1,1,0,0,0,0,0,1},{1,1,0,0,0,0,1,0},{1,1,0,0,0,0,1,1},{
1,1,0,0,0,1,0,0},{1,1,0,0,0,1,0,1},{1,1,0,0,0,1,1,0},{1,1,0,0,0,1,1,1},   //192 ～ 199
{1,1,0,0,1,0,0,0},{1,1,0,0,1,0,0,1},{1,1,0,0,1,0,1,0},{1,1,0,0,1,0,1,1},{
1,1,0,0,1,1,0,0},{1,1,0,0,1,1,0,1},{1,1,0,0,1,1,1,0},{1,1,0,0,1,1,1,1},   //200 ～ 207

{1,1,0,1,0,0,0,0},{1,1,0,1,0,0,0,1},{1,1,0,1,0,0,1,0},{1,1,0,1,0,0,1,1},{
1,1,0,1,0,1,0,0},{1,1,0,1,0,1,0,1},{1,1,0,1,0,1,1,0},{1,1,0,1,0,1,1,1},　//208 ～ 215
{1,1,0,1,1,0,0,0},{1,1,0,1,1,0,0,1},{1,1,0,1,1,0,1,0},{1,1,0,1,1,0,1,1},{
1,1,0,1,1,1,0,0},{1,1,0,1,1,1,0,1},{1,1,0,1,1,1,1,0},{1,1,0,1,1,1,1,1},　//216 ～ 223
{1,1,1,0,0,0,0,0},{1,1,1,0,0,0,0,1},{1,1,1,0,0,0,1,0},{1,1,1,0,0,0,1,1},{
1,1,1,0,0,1,0,0},{1,1,1,0,0,1,0,1},{1,1,1,0,0,1,1,0},{1,1,1,0,0,1,1,1},　//224 ～ 231
{1,1,1,0,1,0,0,0},{1,1,1,0,1,0,0,1},{1,1,1,0,1,0,1,0},{1,1,1,0,1,0,1,1},{
1,1,1,0,1,1,0,0},{1,1,1,0,1,1,0,1},{1,1,1,0,1,1,1,0},{1,1,1,0,1,1,1,1},　//232 ～ 239
{1,1,1,1,0,0,0,0},{1,1,1,1,0,0,0,1},{1,1,1,1,0,0,1,0},{1,1,1,1,0,0,1,1},{
1,1,1,1,0,1,0,0},{1,1,1,1,0,1,0,1},{1,1,1,1,0,1,1,0},{1,1,1,1,0,1,1,1},　//240 ～ 247
{1,1,1,1,1,0,0,0},{1,1,1,1,1,0,0,1},{1,1,1,1,1,0,1,0},{1,1,1,1,1,0,1,1},{
1,1,1,1,1,1,0,0},{1,1,1,1,1,1,0,1},{1,1,1,1,1,1,1,0},{1,1,1,1,1,1,1,1}　//248 ～ 255

```
        };
        // To convert signed bytes to unsigned bytes, is Right
        public int UByte(byte value) {
            int result = value;
            if (value > 0xff) {
                result = (value % 0xff) - 1;
            } else if (value < 0) {
                result = value + 0xff + 1;
            }
            if (result < 0) {
                result = UByte((byte)result);
            }
            return result;
        }
        public byte IntToByte(int value) {
            return (byte)value;
        }
        // Implanting a digital password into the Jielin code coefficient
        private void ChangeKeyt(WJLCoder coder, int keyt)
        {
            if(keyt < 1000.0 && keyt > 0){
```

```
        coder.JIELINCOE = coder.JIELINCOE - (1.0 / ((double)keyt +
1000.0));
      }else if(keyt >= 1000.0){
        coder.JIELINCOE = coder.JIELINCOE - (1.0 / (double)keyt);
      }
    }
```

// The probability of symbol 0 in statistical InBuFF is calculated, and the coefficient of Jilin code is obtained according to the probability and ByteLength of symbol 0. This function is obtained according to the theory of Jielin code

```
    private void GetJieLinCoeV(WJLCoder coder, byte[] InBuFF, int
InBuFFLen)
    {
      int i, j, Count0 = 0;
      double H = 0;
      // Number of statistical symbols 0
      for(i = 0; i < InBuFFLen; ++i){
        for(j = 0; j < 8; ++ j) {
          if(bitOfByteTable[UByte(InBuFF[i])][j] == 0) {
            Count0 ++;
          }
        }
      }
      // Get the probability p0 of symbol 0 and the probability p1 of symbol 1
      coder.setProbabilityOfZeros((double)Count0 / (double)(InBuFFLen *
8.0));
      coder.setProbabilityOfOnes(1.0 - coder.getProbabilityOfZeros());
      // Binary sequences of all 0 or all 1 need to be preprocessed
      if(coder.getProbabilityOfZeros() == 0.0){
        coder.setProbabilityOfZeros(0.0000000001);
        coder.setProbabilityOfOnes(1.0 - coder.getProbabilityOfZeros());
      }else if(coder.getProbabilityOfOnes() == 0.0){
        coder.setProbabilityOfOnes(0.0000000001);
        coder.setProbabilityOfZeros(1.0 - coder.getProbabilityOfOnes());
```

```
        }
    // get the standard information entropy
    H=-coder.getProbabilityOfZeros() * (Math.log(coder.getProbabilityOfZeros()) /
Math.log(2.0))-coder.getProbabilityOfOnes() * (Math.log(coder.getProbabilityOfOnes())/
Math.log(2.0));
        // get the Jielin code coefficient
        coder. JIELINCOE=Math.pow(2.0, H-(((double)coder.OutByteLength) /
(double)InBuFFLen));
    }
    // Output bytes to cache and weighted encoding
    private void OutPutByte(WJLCoder coder, int ucByte)
    {
        if(coder.EOut_buff_loop < coder.OutByteLength) {
            coder.EOut_buff[coder.EOut_buff_loop] = (byte)(ucByte & 0x00FF);
        }else {
            // A small number of bytes perform XOR operations in the EOut_buff
            coder.EOut_buff[coder.BOBL % coder.OutByteLength] = (byte)
(coder.EOut_buff[coder.BOBL%coder.OutByteLength]^ucByte);
            coder.BOBL++;
        }
        coder.EOut_buff_loop = coder.EOut_buff_loop + 1;
    }


    // Encode by JielinCeo
    private void Encode(WJLCoder coder, byte symbol)
    {
        long High = 0,i = 0;
        if (1 == symbol){// the Symbol 1
            coder.EFLow = coder.UInt(coder.EFLow + (long)((double)coder.
EFRange * coder.getProbabilityOfZeros()));
            coder.EFRange = coder.UInt((long)((double)coder.EFRange * coder.
getProbabilityOfOnes() * coder.JIELINCOE));
        }else{
```

```
            coder.EFRange = coder.UInt((long)((double)coder.EFRange * coder.
getProbabilityOfZeros() * coder.JIELINCOE));
        }
        while(coder.EFRange <= coder.RC_MIN_RANGE){
        High = coder.UInt(coder.EFLow + coder.EFRange - 1);
        if(coder.EFFollow != 0) {
            if (High <= coder.RC_MAX_RANGE) {
            OutPutByte(coder, coder.EFDigits);
            for (i = 1; i <= coder.EFFollow - 1; ++i){
                OutPutByte(coder, 0xFF);
            }
            coder.EFFollow = 0;
             coder.EFLow=coder.UInt(coder.EFLow + coder.RC_MAX_
RANGE);
            } else if (coder.EFLow >= coder.RC_MAX_RANGE) {
            OutPutByte(coder, coder.EFDigits + 1);
            for (i = 1; i <= coder.EFFollow - 1; ++i){
                OutPutByte(coder, 0x00);
            }
            coder.EFFollow = 0;
            } else {
            coder.EFFollow += 1;
            coder.EFLow = coder.UInt((coder.EFLow << 8) & (coder.RC_
MAX_RANGE - 1));
                coder.EFRange = coder.UInt(coder.EFRange << 8);
                continue;
            }
        }
        if  ((( (coder.EFLow^High) & (0x00FFL << coder.RC_SHIFT_BITS))
== 0) {
            OutPutByte(coder, (int)(coder.EFLow >> coder.RC_SHIFT_BITS));
        }else{
```

```
            coder.EFLow = coder.UInt(coder.EFLow − coder.RC_MAX_
RANGE);
            coder.EFDigits = (int)coder.UInt(coder.EFLow >> coder.RC_
SHIFT_BITS);
          coder.EFFollow = 1;
        }
        coder.EFLow =( coder.UInt( (coder.EFLow << 8) & (coder.RC_MAX_
RANGE − 1)) | coder.UInt( coder.EFLow & coder.RC_MAX_RANGE));
        coder.EFRange = coder.UInt(coder.EFRange << 8);
      }
    }
    // Finish Encode by JielinCeo
    private void FinishEncode(WJLCoder coder)
    {
      int n = 0;
      if (coder.EFFollow != 0) {
        if (coder.EFLow < coder.RC_MAX_RANGE) {
          OutPutByte(coder, coder.EFDigits);
          for (n = 1; n <= coder.EFFollow − 1; n++) {
            OutPutByte(coder, 0xFF);
          }
        } else {
          OutPutByte(coder, coder.EFDigits + 1);
          for (n = 1; n <= coder.EFFollow − 1; n++) {
            OutPutByte(coder, 0x00);
          }
        }
      }
      coder.EFLow = coder.UInt(coder.EFLow << 1);
      n = coder.RC_CODE_BITS + 1;
      do {
        n −= 8;
        OutPutByte(coder, (int)coder.UInt(coder.EFLow >> n) );
```

```
            } while (!(n <= 0));
        }
        // the main function
        public byte[] WJLHA(byte[] InBytesBuFF, int keyt, int ByteLength)
        {
            int i = 0, j = 0;
            byte[] tempInBytesBuFF;
            WJLCoder wjlha;
            wjlha = new WJLCoder();
            wjlha.SetEOut_buff(ByteLength);
            wjlha.OutByteLength = ByteLength;
            wjlha.BOBL = 0;
            // First, check and Supplementary bytes
            if(InBytesBuFF.length < ByteLength * 10){
                tempInBytesBuFF = new byte[ ByteLength * 10 ];
                for(i = 0; i < InBytesBuFF.length; ++ i) {
                    tempInBytesBuFF[i] = InBytesBuFF[i];
                }
                for(; i < ByteLength * 10; ++ i) {
                    tempInBytesBuFF[i] = (byte) ((UByte(InBytesBuFF[InBytesBuFF.
length - 1]) + i) & 0x00FF);
                }
            }else {
                tempInBytesBuFF = InBytesBuFF;
            }
            // Third, Hash Algorithm for Weighted Probability Model
            GetJieLinCoeV(wjlha, tempInBytesBuFF, tempInBytesBuFF.length);
            // Implant password
            if(keyt > 0){
                ChangeKeyt(wjlha, keyt);
            }
            for(i = 0; i < tempInBytesBuFF.length; ++i) {
```

```
        for(j = 0; j < 8; ++ j) {
            Encode(wjlha, bitOfByteTable[UByte(tempInBytesBuFF[i])][j]);
        }
    }
    FinishEncode(wjlha);
    return wjlha.EOut_buff;
}
public static void main(String[] args) {
    // TODO Auto-generated method stub
    int i = 0;
    int In_BUFF_Len = 18735;
    int ByteLength = 24; // 自定义输出的字节长度，这里为 256 位，
24 byte=192 bit
    int keyt = 0; // 私有密钥
    byte[] In_BUFF = new byte[In_BUFF_Len];
    byte[] Out_BUFF;
    // 随机生成 In_BUFF_Len 长度的 (int) (Math.random() * 255);
    for(i = 0; i < In_BUFF_Len; ++i){
        In_BUFF[i] = (byte)(i % 256); // (byte)(Math.random() * 255);
    }
    // 调用 WJLHashAlgorithm 算法
    System.out.println();
    WJLHashAlgorithm wha = new WJLHashAlgorithm();
    Out_BUFF = wha.WJLHA(In_BUFF, keyt, ByteLength);
    System.out.print(" 有符号的 WJLHA : ");
    for(i = 0; i < ByteLength; ++i){
        System.out.print(Out_BUFF[i]+",");
    }
    System.out.println();
    System.out.print(" 无符号的 WJLHA : ");
    for(i = 0; i < ByteLength; ++i){
        System.out.print(wha.UByte(Out_BUFF[i]) + ",");
```

```
            }
         System.out.println();
      }
   }
```

6.2.2 WJLHA2.0.1 增强哈希值的随机程度

```
package WJLHA;
/**********************************************************
 * Based on Weighted Probability Model Code(Jielin Code), the secure hash
algorithm of hash value length and digital password can be customized.
 * 1. Fixed some Bug
 * 2. synchronize release C and Java releases
 * @author JieLin Wang(China)
 * @testing Aamir(Pakistan), Lei Xiao(China)
 * @copyright JieLin Wang 2020-08-18
 * @Version 2.0.1
 * @email 254908447@qq.com
 */
public class WJLHashAlgorithm {
   // Jielincode Encoding Object
   private class WJLCoder{
      // Use 32bit Variable and not use the signed, so 31bit of int
      public int RC_CODE_BITS = 31;
      // 31 - 8 = 23, Subtract 8 because neet to leave one byte space.
      public int RC_SHIFT_BITS = RC_CODE_BITS - 8;
      // Maximum value of interval.
      public long RC_MAX_RANGE = UInt( (1L << RC_CODE_BITS) );
      // Minimum value of interval, Maximum value is one byte larger than the
minimum.
      public long RC_MIN_RANGE = UInt( (1L << RC_SHIFT_BITS) );
      // the probability Of symbol 0
      public double probabilityOfZeros = 0.0;
```

```java
// the probability Of symbol 1
public double probabilityOfOnes = 0.0;
// JieLin Code Coefficient
public double JIELINCOE = 0.0;
// interval subscript
public long EFLow = RC_MAX_RANGE;
// interval length
public long EFRange = RC_MAX_RANGE;
// Delayed value output
public int EFDigits = 0;
// the Delayed value count
public int EFFollow = 0;
// Array subscript pointer by EOut_buff
public int EOut_buff_loop = 0;
// Hash Value cache array
public byte[] EOut_buff;
// Hash Value Byte Length
public int OutByteLength = 0;
// the sign for Coding loop
public int BOBL = 0;

private double getProbabilityOfZeros() {
    return probabilityOfZeros;
}
private void setProbabilityOfZeros(double probabilityOfZeros) {
    this.probabilityOfZeros = probabilityOfZeros;
}
private double getProbabilityOfOnes() {
    return probabilityOfOnes;
}
private void setProbabilityOfOnes(double probabilityOfOnes) {
    this.probabilityOfOnes = probabilityOfOnes;
}
```

```java
public void SetEOut_buff(int Length) {
    EOut_buff = new byte[Length];
}
public void SetEOut_buff_loop(int Length) {
    EOut_buff_loop = Length;
}
// To convert signed int to unsigned int
public long UInt(long value) {
    long result = value;
    if (value > 0xffffffffL) {
        result = (value % 0xffffffffL) - 1;
    } else if (value < 0) {
        result = value + 0xffffffffL + 1;
    }
    if (result < 0) {
        result = UInt(result);
    }
    return result;
}
}
// Bit value at each position in each byte
private byte[][] bitOfByteTable = {
{0,0,0,0,0,0,0,0},{0,0,0,0,0,0,0,1},{0,0,0,0,0,0,1,0},{0,0,0,0,0,0,1,1},{0,0,0,0,
0,1,0,0},{0,0,0,0,0,1,0,1},{0,0,0,0,0,1,1,0},{0,0,0,0,0,1,1,1},   //0 ~ 7
{0,0,0,0,1,0,0,0},{0,0,0,0,1,0,0,1},{0,0,0,0,1,0,1,0},{0,0,0,0,1,0,1,1},{0,0,0,0,
1,1,0,0},{0,0,0,0,1,1,0,1},{0,0,0,0,1,1,1,0},{0,0,0,0,1,1,1,1},   //8 ~ 15
{0,0,0,1,0,0,0,0},{0,0,0,1,0,0,0,1},{0,0,0,1,0,0,1,0},{0,0,0,1,0,0,1,1},{0,0,0,1,
0,1,0,0},{0,0,0,1,0,1,0,1},{0,0,0,1,0,1,1,0},{0,0,0,1,0,1,1,1},   //16 ~ 23
{0,0,0,1,1,0,0,0},{0,0,0,1,1,0,0,1},{0,0,0,1,1,0,1,0},{0,0,0,1,1,0,1,1},{0,0,0,1,
1,1,0,0},{0,0,0,1,1,1,0,1},{0,0,0,1,1,1,1,0},{0,0,0,1,1,1,1,1},   //24 ~ 31
{0,0,1,0,0,0,0,0},{0,0,1,0,0,0,0,1},{0,0,1,0,0,0,1,0},{0,0,1,0,0,0,1,1},{0,0,1,0,
0,1,0,0},{0,0,1,0,0,1,0,1},{0,0,1,0,0,1,1,0},{0,0,1,0,0,1,1,1},   //32 ~ 39
```

{0,0,1,0,1,0,0,0},{0,0,1,0,1,0,0,1},{0,0,1,0,1,0,1,0},{0,0,1,0,1,0,1,1},{0,0,1,0,1,1,0,0},{0,0,1,0,1,1,0,1},{0,0,1,0,1,1,1,0},{0,0,1,0,1,1,1,1},　//40～47

{0,0,1,1,0,0,0,0},{0,0,1,1,0,0,0,1},{0,0,1,1,0,0,1,0},{0,0,1,1,0,0,1,1},{0,0,1,1,0,1,0,0},{0,0,1,1,0,1,0,1},{0,0,1,1,0,1,1,0},{0,0,1,1,0,1,1,1},　//48～55

{0,0,1,1,1,0,0,0},{0,0,1,1,1,0,0,1},{0,0,1,1,1,0,1,0},{0,0,1,1,1,0,1,1},{0,0,1,1,1,1,0,0},{0,0,1,1,1,1,0,1},{0,0,1,1,1,1,1,0},{0,0,1,1,1,1,1,1},　//56～63

{0,1,0,0,0,0,0,0},{0,1,0,0,0,0,0,1},{0,1,0,0,0,0,1,0},{0,1,0,0,0,0,1,1},{0,1,0,0,0,1,0,0},{0,1,0,0,0,1,0,1},{0,1,0,0,0,1,1,0},{0,1,0,0,0,1,1,1},　//64～71

{0,1,0,0,1,0,0,0},{0,1,0,0,1,0,0,1},{0,1,0,0,1,0,1,0},{0,1,0,0,1,0,1,1},{0,1,0,0,1,1,0,0},{0,1,0,0,1,1,0,1},{0,1,0,0,1,1,1,0},{0,1,0,0,1,1,1,1},　//72～79

{0,1,0,1,0,0,0,0},{0,1,0,1,0,0,0,1},{0,1,0,1,0,0,1,0},{0,1,0,1,0,0,1,1},{0,1,0,1,0,1,0,0},{0,1,0,1,0,1,0,1},{0,1,0,1,0,1,1,0},{0,1,0,1,0,1,1,1},　//80～87

{0,1,0,1,1,0,0,0},{0,1,0,1,1,0,0,1},{0,1,0,1,1,0,1,0},{0,1,0,1,1,0,1,1},{0,1,0,1,1,1,0,0},{0,1,0,1,1,1,0,1},{0,1,0,1,1,1,1,0},{0,1,0,1,1,1,1,1},　//88～95

{0,1,1,0,0,0,0,0},{0,1,1,0,0,0,0,1},{0,1,1,0,0,0,1,0},{0,1,1,0,0,0,1,1},{0,1,1,0,0,1,0,0},{0,1,1,0,0,1,0,1},{0,1,1,0,0,1,1,0},{0,1,1,0,0,1,1,1},　//96～103

{0,1,1,0,1,0,0,0},{0,1,1,0,1,0,0,1},{0,1,1,0,1,0,1,0},{0,1,1,0,1,0,1,1},{0,1,1,0,1,1,0,0},{0,1,1,0,1,1,0,1},{0,1,1,0,1,1,1,0},{0,1,1,0,1,1,1,1},　//104～111

{0,1,1,1,0,0,0,0},{0,1,1,1,0,0,0,1},{0,1,1,1,0,0,1,0},{0,1,1,1,0,0,1,1},{0,1,1,1,0,1,0,0},{0,1,1,1,0,1,0,1},{0,1,1,1,0,1,1,0},{0,1,1,1,0,1,1,1},　//112～119

{0,1,1,1,1,0,0,0},{0,1,1,1,1,0,0,1},{0,1,1,1,1,0,1,0},{0,1,1,1,1,0,1,1},{0,1,1,1,1,1,0,0},{0,1,1,1,1,1,0,1},{0,1,1,1,1,1,1,0},{0,1,1,1,1,1,1,1},　//120～127

{1,0,0,0,0,0,0,0},{1,0,0,0,0,0,0,1},{1,0,0,0,0,0,1,0},{1,0,0,0,0,0,1,1},{1,0,0,0,0,1,0,0},{1,0,0,0,0,1,0,1},{1,0,0,0,0,1,1,0},{1,0,0,0,0,1,1,1},　//128～135

{1,0,0,0,1,0,0,0},{1,0,0,0,1,0,0,1},{1,0,0,0,1,0,1,0},{1,0,0,0,1,0,1,1},{1,0,0,0,1,1,0,0},{1,0,0,0,1,1,0,1},{1,0,0,0,1,1,1,0},{1,0,0,0,1,1,1,1},　//136～143

{1,0,0,1,0,0,0,0},{1,0,0,1,0,0,0,1},{1,0,0,1,0,0,1,0},{1,0,0,1,0,0,1,1},{1,0,0,1,0,1,0,0},{1,0,0,1,0,1,0,1},{1,0,0,1,0,1,1,0},{1,0,0,1,0,1,1,1},　//144～151

{1,0,0,1,1,0,0,0},{1,0,0,1,1,0,0,1},{1,0,0,1,1,0,1,0},{1,0,0,1,1,0,1,1},{1,0,0,1,1,1,0,0},{1,0,0,1,1,1,0,1},{1,0,0,1,1,1,1,0},{1,0,0,1,1,1,1,1},　//152～159

{1,0,1,0,0,0,0,0},{1,0,1,0,0,0,0,1},{1,0,1,0,0,0,1,0},{1,0,1,0,0,0,1,1},{1,0,1,0,0,1,0,0},{1,0,1,0,0,1,0,1},{1,0,1,0,0,1,1,0},{1,0,1,0,0,1,1,1},　//160～167

{1,0,1,0,1,0,0,0},{1,0,1,0,1,0,0,1},{1,0,1,0,1,0,1,0},{1,0,1,0,1,0,1,1},{1,0,1,0,
1,1,0,0},{1,0,1,0,1,1,0,1},{1,0,1,0,1,1,1,0},{1,0,1,0,1,1,1,1},   //168 ~ 175

{1,0,1,1,0,0,0,0},{1,0,1,1,0,0,0,1},{1,0,1,1,0,0,1,0},{1,0,1,1,0,0,1,1},{1,0,1,1,
0,1,0,0},{1,0,1,1,0,1,0,1},{1,0,1,1,0,1,1,0},{1,0,1,1,0,1,1,1},   //176 ~ 183

{1,0,1,1,1,0,0,0},{1,0,1,1,1,0,0,1},{1,0,1,1,1,0,1,0},{1,0,1,1,1,0,1,1},{1,0,1,1,
1,1,0,0},{1,0,1,1,1,1,0,1},{1,0,1,1,1,1,1,0},{1,0,1,1,1,1,1,1},   //184 ~ 191

{1,1,0,0,0,0,0,0},{1,1,0,0,0,0,0,1},{1,1,0,0,0,0,1,0},{1,1,0,0,0,0,1,1},{1,1,0,0,
0,1,0,0},{1,1,0,0,0,1,0,1},{1,1,0,0,0,1,1,0},{1,1,0,0,0,1,1,1},   //192 ~ 199

{1,1,0,0,1,0,0,0},{1,1,0,0,1,0,0,1},{1,1,0,0,1,0,1,0},{1,1,0,0,1,0,1,1},{1,1,0,0,
1,1,0,0},{1,1,0,0,1,1,0,1},{1,1,0,0,1,1,1,0},{1,1,0,0,1,1,1,1},   //200 ~ 207

{1,1,0,1,0,0,0,0},{1,1,0,1,0,0,0,1},{1,1,0,1,0,0,1,0},{1,1,0,1,0,0,1,1},{1,1,0,1,
0,1,0,0},{1,1,0,1,0,1,0,1},{1,1,0,1,0,1,1,0},{1,1,0,1,0,1,1,1},   //208 ~ 215

{1,1,0,1,1,0,0,0},{1,1,0,1,1,0,0,1},{1,1,0,1,1,0,1,0},{1,1,0,1,1,0,1,1},{1,1,0,1,
1,1,0,0},{1,1,0,1,1,1,0,1},{1,1,0,1,1,1,1,0},{1,1,0,1,1,1,1,1},   //216 ~ 223

{1,1,1,0,0,0,0,0},{1,1,1,0,0,0,0,1},{1,1,1,0,0,0,1,0},{1,1,1,0,0,0,1,1},{1,1,1,0,
0,1,0,0},{1,1,1,0,0,1,0,1},{1,1,1,0,0,1,1,0},{1,1,1,0,0,1,1,1},   //224 ~ 231

{1,1,1,0,1,0,0,0},{1,1,1,0,1,0,0,1},{1,1,1,0,1,0,1,0},{1,1,1,0,1,0,1,1},{1,1,1,0,
1,1,0,0},{1,1,1,0,1,1,0,1},{1,1,1,0,1,1,1,0},{1,1,1,0,1,1,1,1},   //232 ~ 239

{1,1,1,1,0,0,0,0},{1,1,1,1,0,0,0,1},{1,1,1,1,0,0,1,0},{1,1,1,1,0,0,1,1},{1,1,1,1,
0,1,0,0},{1,1,1,1,0,1,0,1},{1,1,1,1,0,1,1,0},{1,1,1,1,0,1,1,1},   //240 ~ 247

{1,1,1,1,1,0,0,0},{1,1,1,1,1,0,0,1},{1,1,1,1,1,0,1,0},{1,1,1,1,1,0,1,1},{1,1,1,1,
1,1,0,0},{1,1,1,1,1,1,0,1},{1,1,1,1,1,1,1,0},{1,1,1,1,1,1,1,1}   //248 ~ 255

```java
    };
// To convert signed bytes to unsigned bytes, is Right
public int UByte(byte value) {
    int result = value;
    if (value > 0xff) {
        result = (value % 0xff) - 1;
    } else if (value < 0) {
        result = value + 0xff + 1;
    }
    if (result < 0) {
        result = UByte((byte)result);
```

```
    }
    return result;
}
public byte IntToByte(int value) {
    return (byte)value;
}
// Implanting a digital password into the Jielin code coefficient
private void ChangeKeyt(WJLCoder wjlcode, int keyt)
{
    if(keyt < 1000.0 && keyt > 0){
        wjlcode.JIELINCOE = wjlcode.JIELINCOE − (1.0 / ((double)keyt +
1000.0));
    }else if(keyt >= 1000.0){
        wjlcode.JIELINCOE = wjlcode.JIELINCOE − (1.0 / (double)keyt);
    }
}
// The probability of symbol 0 in statistical InBuFF is calculated, and the
coefficient of Jilin code is obtained according to the probability and ByteLength of
symbol 0. This function is obtained according to the theory of Jielin code
private void GetJieLinCoeV(WJLCoder wjlha, byte[] InBuFF, int InBuFFLen)
{
    int i, j, Count0 = 0;
    double H = 0;
    // Number of statistical symbols 0
    for(i = 0; i < InBuFFLen; ++i){
        for(j = 0; j < 8; ++ j) {
            if(bitOfByteTable[UByte(InBuFF[i])][j] == 0) {
                Count0 ++;
            }
        }
    }
    // Get the probability p0 of symbol 0 and the probability p1 of symbol 1
    wjlha.setProbabilityOfZeros((double)Count0 / (double)(InBuFFLen * 8.0));
```

```
    wjlha.setProbabilityOfOnes(1.0 − wjlha.getProbabilityOfZeros());
    // Binary sequences of all 0 or all 1 need to be preprocessed
    if(wjlha.getProbabilityOfZeros() == 0.0){
        wjlha.setProbabilityOfZeros(0.0000000001);
        wjlha.setProbabilityOfOnes(1.0 − wjlha.getProbabilityOfZeros());
    }else if(wjlha.getProbabilityOfOnes() == 0.0){
        wjlha.setProbabilityOfOnes(0.0000000001);
        wjlha.setProbabilityOfZeros(1.0 − wjlha.getProbabilityOfOnes());
    }
    // get the standard information entropy
    H=−wjlha.getProbabilityOfZeros() * (Math.log(wjlha.getProbabilityOfZeros()) /
Math.log(2.0))−wjlha.getProbabilityOfOnes() * (Math.log(wjlha.getProbabilityOfOnes())/Math.
log(2.0));
    // get the Jielin code coefficient
    wjlha.JIELINCOE = Math.pow(2.0,H−(((double)wjlha.OutByteLength) /
(double)InBuFFLen));
    }
    // Output bytes to cache and weighted encoding
    private void OutPutByte(WJLCoder coder, int ucByte)
    {
        if(coder.BOBL != −1) {
            if(coder.EOut_buff_loop < coder.OutByteLength) {
                coder.EOut_buff[coder.EOut_buff_loop ] = (byte)(ucByte & 0x00FF);
            }else {
                // A small number of bytes perform XOR operations in the EOut_buff
                coder.EOut_buff[coder.BOBL%coder.OutByteLength] = (byte) (coder.
EOut_buff[coder.BOBL%coder.OutByteLength]^ucByte);
                coder.BOBL++;
            }
        } else {
            coder.EOut_buff[coder.EOut_buff_loop] = (byte)(ucByte & 0x00FF);
        }
        coder.EOut_buff_loop = coder.EOut_buff_loop + 1;
```

```
    }

    // Encode by JielinCeo
    private void Encode(WJLCoder coder, byte symbol)
    {
        long High = 0,i = 0;
        if (1 == symbol){// the Symbol 1
            coder.EFLow = coder.UInt(coder.EFLow + (long)((double)coder.
EFRange * coder.getProbabilityOfZeros()));
            coder.EFRange = coder.UInt((long)((double)coder.EFRange * coder.
getProbabilityOfOnes() * coder.JIELINCOE));
        }else{
            coder.EFRange = coder.UInt((long)((double)coder.EFRange * coder.
getProbabilityOfZeros() * coder.JIELINCOE));
        }
        while(coder.EFRange <= coder.RC_MIN_RANGE){
            High = coder.UInt(coder.EFLow + coder.EFRange − 1);
            if(coder.EFFollow != 0) {
                if (High <= coder.RC_MAX_RANGE) {
                    OutPutByte(coder, coder.EFDigits);
                    for (i = 1; i <= coder.EFFollow − 1; ++i){
                        OutPutByte(coder, 0xFF);
                    }
                    coder.EFFollow = 0;
                    coder.EFLow = coder.UInt(coder.EFLow + coder.RC_MAX_
RANGE);
                } else if (coder.EFLow >= coder.RC_MAX_RANGE) {
                    OutPutByte(coder, coder.EFDigits + 1);
                    for (i = 1; i <= coder.EFFollow − 1; ++i){
                        OutPutByte(coder, 0x00);
                    }
                    coder.EFFollow = 0;
                } else {
```

```
                coder.EFFollow += 1;
                coder.EFLow = coder.UInt((coder.EFLow << 8) & (coder.RC_
MAX_RANGE − 1));
                coder.EFRange = coder.UInt(coder.EFRange << 8);
                continue;
            }
        }
        if ((( (coder.EFLow^High) & (0x00FFL << coder.RC_SHIFT_BITS) ) ==
0) {
            OutPutByte(coder, (int)(coder.EFLow >> coder.RC_SHIFT_BITS) );
        }else{
            coder.EFLow = coder.UInt(coder.EFLow − coder.RC_MAX_RANGE);
            coder.EFDigits = (int)coder.UInt(coder.EFLow >> coder.RC_SHIFT_
BITS);
            coder.EFFollow = 1;
        }
        coder.EFLow =(coder.UInt((coder.EFLow << 8) & (coder.RC_MAX_
RANGE−1)) | coder.UInt(coder.EFLow & coder.RC_MAX_RANGE));
        coder.EFRange = coder.UInt(coder.EFRange << 8);
    }
}
// Finish Encode by JielinCeo
private void FinishEncode(WJLCoder coder)
{
    int n = 0;
    if (coder.EFFollow != 0) {
        if (coder.EFLow < coder.RC_MAX_RANGE) {
            OutPutByte(coder, coder.EFDigits);
            for (n = 1; n <= coder.EFFollow − 1; n++) {
                OutPutByte(coder, 0xFF);
            }
        } else {
            OutPutByte(coder, coder.EFDigits + 1);
```

```
        for (n = 1; n <= coder.EFFollow − 1; n++) {
            OutPutByte(coder, 0x00);
        }
    }
}
coder.EFLow = coder.UInt(coder.EFLow << 1);
n = coder.RC_CODE_BITS + 1;
do {
    n −= 8;
    OutPutByte(coder, (int)coder.UInt(coder.EFLow >> n) );
} while (!(n <= 0));
}
// the main function
public byte[] WJLHA(byte[] InBytesBuFF, int keyt, int ByteLength)
{
    int i = 0, j = 0, Count0 = 0;
    short[] tempInBytesBuFF;
    double H = 0.0;
    WJLCoder wjlcoder;
    WJLCoder wjlha;
    wjlcoder = new WJLCoder();
    wjlha = new WJLCoder();
    wjlha.SetEOut_buff(ByteLength);
    wjlha.OutByteLength = ByteLength;
    wjlha.BOBL = 0;
    wjlcoder.BOBL = −1;
    // First, check and Supplementary bytes
    if(InBytesBuFF.length < ByteLength * 10){
        tempInBytesBuFF = new short[ ByteLength * 10 ];
        for(i = 0; i < InBytesBuFF.length; ++ i) {
            tempInBytesBuFF[i] = (short) UByte(InBytesBuFF[i]);
        }
        for(; i < ByteLength * 10; ++ i) {
```

```
                tempInBytesBuFF[i] = (short) ((UByte(InBytesBuFF[InBytesBuFF.
length − 1]) + i) & 0x00FF);
            }
        }else {
            tempInBytesBuFF = new short[ InBytesBuFF.length];
            for(i = 0; i < InBytesBuFF.length; ++ i) {
                tempInBytesBuFF[i] = (short) UByte(InBytesBuFF[i]);
            }
        }
        // Calculate the number of symbols 0
        for(i = 0; i < tempInBytesBuFF.length; ++ i) {
            for(j = 0; j < 8; ++ j) {
                if(bitOfByteTable[tempInBytesBuFF[i]][j] == 0) {
                    Count0 ++;
                }
            }
        }
        wjlcoder.setProbabilityOfZeros((double)Count0 / (double)(tempInBytesBuFF.
length*8.0));
        wjlcoder.setProbabilityOfOnes(1.0 − wjlcoder.getProbabilityOfZeros());
        // Calculated information entropy
        H=−wjlcoder.getProbabilityOfZeros() * (Math.log(wjlcoder. getProbabilityOfZeros())
/ Math.log(2.0))−wjlcoder.getProbabilityOfOnes() * (Math.log(wjlcoder.getProbabilityOfOnes())/
Math.log(2.0));
        wjlcoder.SetEOut_buff((int)(H * (double)tempInBytesBuFF.length) +
ByteLength * 200);
        wjlcoder.SetEOut_buff_loop(0);
        wjlcoder.JIELINCOE = 1.0;
        wjlcoder.OutByteLength = ByteLength;
        // Implant password
        if(keyt > 0){
            ChangeKeyt(wjlcoder, keyt);
        }
```

```
        // Second, Entropy coding by Weighted Probability Model
        for(i = 0; i < tempInBytesBuFF.length; ++i) {
            for(j = 0; j < 8; ++ j) {
                Encode(wjlcoder, bitOfByteTable[tempInBytesBuFF[i]][j]);
            }
        }
        FinishEncode(wjlcoder);
        // Third, Hash Algorithm for Weighted Probability Model
        GetJieLinCoeV(wjlha, wjlcoder.EOut_buff, wjlcoder.EOut_buff_loop);
        for(i = 0; i < wjlcoder.EOut_buff_loop; ++i) {
            for(j = 0; j < 8; ++ j) {
                Encode(wjlha, bitOfByteTable[UByte(wjlcoder.EOut_buff[i])][j]);
            }
        }
        FinishEncode(wjlha);
        return wjlha.EOut_buff;
    }


    public static void main(String[] args) {
        // TODO Auto-generated method stub
        int i = 0;
        int In_BUFF_Len = 15678;
        int ByteLength = 32;
        int keyt = 0;
        byte[] In_BUFF = new byte[In_BUFF_Len];
        byte[] Out_BUFF;
        for(i = 0; i < In_BUFF_Len; ++i){
            In_BUFF[i] = (byte)(i % 256); //  (byte)(Math.random() * 255);
        }
        System.out.println();
        WJLHashAlgorithm wha = new WJLHashAlgorithm();
        Out_BUFF = wha.WJLHA(In_BUFF, keyt, ByteLength);
```

```java
        System.out.print(" 有符号 WJLHA：");
        for(i = 0; i < ByteLength; ++i){
            System.out.print(Out_BUFF[i]+",");
        }
        System.out.println();
        System.out.print(" 无符号 WJLHA：");
        for(i = 0; i < ByteLength; ++i){
            System.out.print(wha.UByte(Out_BUFF[i]) + ",");
        }
        System.out.println();
    }
}
```

6.3   二进制加权概率模型 Hash 算法 Python 实现

WJLHA2.1.0 算法实现过程如下。

文件名：WJLCoder.py

```python
from numpy import long, byte, double
class WJLCoder:
    def __init__(self):
        self.rangeCodeBitsLenght = 31
        self.rangeCodeShiftBitsLenght = self.rangeCodeBitsLenght - 8
        self.rangeCodeMaxIterval = self.toUnsignedInteger(1 << self.rangeCodeBitsLenght)
        self.rangeCodeMinIterval = self.toUnsignedInteger(1 << self.rangeCodeShiftBitsLenght)
        self.probabilityOfZeros = 0.0
        self.probabilityOfOnes = 0.0
        self.coefficient = 0.0
        self.encodeFlow = self.rangeCodeMaxIterval
        self.encodeFlowRange = self.rangeCodeMaxIterval
        self.encodeDelay = 0
```

```python
        self.encodeDelayCount = 0
        self.encodeOutBufferLoop = 0
        self.outByteLength = 0
        self.BOBL = 0

    def getRangeCodeBitsLenght(self):
        return self.rangeCodeBitsLenght

    def setRangeCodeBitsLenght(self, rangeCodeBitsLenght: int):
        self.rangeCodeBitsLenght = rangeCodeBitsLenght

    def getRangeCodeShiftBitsLenght(self):
        return self.rangeCodeShiftBitsLenght;

    def setRangeCodeShiftBitsLenght(self, rangeCodeShiftBitsLenght):
        self.rangeCodeShiftBitsLenght = rangeCodeShiftBitsLenght;

    def getRangeCodeMaxIterval(self):
        return self.rangeCodeMaxIterval

    def setRangeCodeMaxIterval(self, rangeCodeMaxIterval):
        self.rangeCodeMaxIterval = rangeCodeMaxIterval;

    def getRangeCodeMinIterval(self):
        return self.rangeCodeMinIterval;

    def setRangeCodeMinIterval(self, rangeCodeMinIterval):
        self.rangeCodeMinIterval = rangeCodeMinIterval;

    def getProbabilityOfZeros(self):
        return self.probabilityOfZeros;

    def setProbabilityOfZeros(self, probabilityOfZeros):
```

```python
        self.probabilityOfZeros = probabilityOfZeros;

    def getProbabilityOfOnes(self):
        return self.probabilityOfOnes;

    def setProbabilityOfOnes(self, probabilityOfOnes):
        self.probabilityOfOnes = probabilityOfOnes;

    def getCoefficient(self):
        return self.coefficient;

    def setCoefficient(self, coefficient):
        self.coefficient = coefficient;

    def getEncodeFlow(self):
        return self.encodeFlow;

    def setEncodeFlow(self, encodeFlow):
        self.encodeFlow = encodeFlow;

    def getEncodeFlowRange(self):
        return self.encodeFlowRange;

    def setEncodeFlowRange(self, encodeFlowRange):
        self.encodeFlowRange = encodeFlowRange;

    def getEncodeDelay(self):
        return self.encodeDelay;

    def setEncodeDelay(self, encodeDelay):
        self.encodeDelay = encodeDelay;

    def getEncodeDelayCount(self):
```

```
        return self.encodeDelayCount;

    def setEncodeDelayCount(self, encodeDelayCount):
        self.encodeDelayCount = encodeDelayCount;

    def getEncodeOutBufferLoop(self) -> int:
        return self.encodeOutBufferLoop;

    def setEncodeOutBufferLoop(self, encodeOutBufferLoop):
        self.encodeOutBufferLoop = encodeOutBufferLoop;

    def getEncodeOutBufferArray(self) -> list:
        return self.encodeOutBufferArray;

    def setEncodeOutBufferArray(self, encodeOutBufferArrayLength):
        self.encodeOutBufferArray=[0] *encodeOutBufferArrayLength;

    def getOutByteLength(self) -> int:
        return self.outByteLength;

    def setOutByteLength(self, outByteLength):
        self.outByteLength = outByteLength;

    def getBOBL(self):
        return self.BOBL;

    def setBOBL(self, bOBL):
        self.BOBL = bOBL;

    # To convert signed int to unsigned int
    def toUnsignedInteger(self, value:long) -> long:
        result = value
        if value > 0xffffffff:
```

```
            result = (value % 0xffffffff) - 1
        elif value < 0:
            result = value + 0xffffffff + 1

        if result < 0:
            result = self.toUnsignedInteger(result)
        return result

def main():
    i = 0
    In_BUFF_Len = 15678
    ByteLength = 1
    keyt = 0
    In_BUFF = "a"

    print("\n")
    wha = WJLCoder()
    Out_BUFF = wha.toUnsignedInteger(2147483648)

    print("IN ",Out_BUFF)
if __name__ == "__main__":
    main()
```

文件名：WJLHACore.py

```
import binascii
import math
from numpy.core import double, long, byte
from src.WJLCoder import WJLCoder
class WJLHACore:
    # Bit value at each position in each byte
    bitOfByteTable = [
        [0, 0, 0, 0, 0, 0, 0, 0], [0, 0, 0, 0, 0, 0, 0, 1], [0, 0, 0, 0, 0, 0, 1, 0], [0, 0, 0,
0, 0, 0, 1, 1],
```

[0, 0, 0, 0, 0, 1, 0, 0], [0, 0, 0, 0, 0, 1, 0, 1], [0, 0, 0, 0, 0, 1, 1, 0], [0, 0, 0, 0, 0, 1, 1, 1], ＃0 ～ 7

[0, 0, 0, 0, 1, 0, 0, 0], [0, 0, 0, 0, 1, 0, 0, 1], [0, 0, 0, 0, 1, 0, 1, 0], [0, 0, 0, 0, 1, 0, 1, 1],

[0, 0, 0, 0, 1, 1, 0, 0], [0, 0, 0, 0, 1, 1, 0, 1], [0, 0, 0, 0, 1, 1, 1, 0], [0, 0, 0, 0, 1, 1, 1, 1], ＃8 ～ 15

[0, 0, 0, 1, 0, 0, 0, 0], [0, 0, 0, 1, 0, 0, 0, 1], [0, 0, 0, 1, 0, 0, 1, 0], [0, 0, 0, 1, 0, 0, 1, 1],

[0, 0, 0, 1, 0, 1, 0, 0], [0, 0, 0, 1, 0, 1, 0, 1], [0, 0, 0, 1, 0, 1, 1, 0], [0, 0, 0, 1, 0, 1, 1, 1], ＃16 ～ 23

[0, 0, 0, 1, 1, 0, 0, 0], [0, 0, 0, 1, 1, 0, 0, 1], [0, 0, 0, 1, 1, 0, 1, 0], [0, 0, 0, 1, 1, 0, 1, 1],

[0, 0, 0, 1, 1, 1, 0, 0], [0, 0, 0, 1, 1, 1, 0, 1], [0, 0, 0, 1, 1, 1, 1, 0], [0, 0, 0, 1, 1, 1, 1, 1], ＃24 ～ 31

[0, 0, 1, 0, 0, 0, 0, 0], [0, 0, 1, 0, 0, 0, 0, 1], [0, 0, 1, 0, 0, 0, 1, 0], [0, 0, 1, 0, 0, 0, 1, 1],

[0, 0, 1, 0, 0, 1, 0, 0], [0, 0, 1, 0, 0, 1, 0, 1], [0, 0, 1, 0, 0, 1, 1, 0], [0, 0, 1, 0, 0, 1, 1, 1], ＃32 ～ 39

[0, 0, 1, 0, 1, 0, 0, 0], [0, 0, 1, 0, 1, 0, 0, 1], [0, 0, 1, 0, 1, 0, 1, 0], [0, 0, 1, 0, 1, 0, 1, 1],

[0, 0, 1, 0, 1, 1, 0, 0], [0, 0, 1, 0, 1, 1, 0, 1], [0, 0, 1, 0, 1, 1, 1, 0], [0, 0, 1, 0, 1, 1, 1, 1], ＃40 ～ 47

[0, 0, 1, 1, 0, 0, 0, 0], [0, 0, 1, 1, 0, 0, 0, 1], [0, 0, 1, 1, 0, 0, 1, 0], [0, 0, 1, 1, 0, 0, 1, 1],

[0, 0, 1, 1, 0, 1, 0, 0], [0, 0, 1, 1, 0, 1, 0, 1], [0, 0, 1, 1, 0, 1, 1, 0], [0, 0, 1, 1, 0, 1, 1, 1], ＃48 ～ 55

[0, 0, 1, 1, 1, 0, 0, 0], [0, 0, 1, 1, 1, 0, 0, 1], [0, 0, 1, 1, 1, 0, 1, 0], [0, 0, 1, 1, 1, 0, 1, 1],

[0, 0, 1, 1, 1, 1, 0, 0], [0, 0, 1, 1, 1, 1, 0, 1], [0, 0, 1, 1, 1, 1, 1, 0], [0, 0, 1, 1, 1, 1, 1, 1], ＃56 ～ 63

[0, 1, 0, 0, 0, 0, 0, 0], [0, 1, 0, 0, 0, 0, 0, 1], [0, 1, 0, 0, 0, 0, 1, 0], [0, 1, 0, 0, 0, 0, 1, 1],

[0, 1, 0, 0, 0, 1, 0, 0], [0, 1, 0, 0, 0, 1, 0, 1], [0, 1, 0, 0, 0, 1, 1, 0], [0, 1, 0, 0, 0, 1, 1, 1], #64～71

[0, 1, 0, 0, 1, 0, 0, 0], [0, 1, 0, 0, 1, 0, 0, 1], [0, 1, 0, 0, 1, 0, 1, 0], [0, 1, 0, 0, 1, 0, 1, 1],

[0, 1, 0, 0, 1, 1, 0, 0], [0, 1, 0, 0, 1, 1, 0, 1], [0, 1, 0, 0, 1, 1, 1, 0], [0, 1, 0, 0, 1, 1, 1, 1], #72～79

[0, 1, 0, 1, 0, 0, 0, 0], [0, 1, 0, 1, 0, 0, 0, 1], [0, 1, 0, 1, 0, 0, 1, 0], [0, 1, 0, 1, 0, 0, 1, 1],

[0, 1, 0, 1, 0, 1, 0, 0], [0, 1, 0, 1, 0, 1, 0, 1], [0, 1, 0, 1, 0, 1, 1, 0], [0, 1, 0, 1, 0, 1, 1, 1], #80～87

[0, 1, 0, 1, 1, 0, 0, 0], [0, 1, 0, 1, 1, 0, 0, 1], [0, 1, 0, 1, 1, 0, 1, 0], [0, 1, 0, 1, 1, 0, 1, 1],

[0, 1, 0, 1, 1, 1, 0, 0], [0, 1, 0, 1, 1, 1, 0, 1], [0, 1, 0, 1, 1, 1, 1, 0], [0, 1, 0, 1, 1, 1, 1, 1], #88～95

[0, 1, 1, 0, 0, 0, 0, 0], [0, 1, 1, 0, 0, 0, 0, 1], [0, 1, 1, 0, 0, 0, 1, 0], [0, 1, 1, 0, 0, 0, 1, 1],

[0, 1, 1, 0, 0, 1, 0, 0], [0, 1, 1, 0, 0, 1, 0, 1], [0, 1, 1, 0, 0, 1, 1, 0], [0, 1, 1, 0, 0, 1, 1, 1], #96～103

[0, 1, 1, 0, 1, 0, 0, 0], [0, 1, 1, 0, 1, 0, 0, 1], [0, 1, 1, 0, 1, 0, 1, 0], [0, 1, 1, 0, 1, 0, 1, 1],

[0, 1, 1, 0, 1, 1, 0, 0], [0, 1, 1, 0, 1, 1, 0, 1], [0, 1, 1, 0, 1, 1, 1, 0], [0, 1, 1, 0, 1, 1, 1, 1], #104～111

[0, 1, 1, 1, 0, 0, 0, 0], [0, 1, 1, 1, 0, 0, 0, 1], [0, 1, 1, 1, 0, 0, 1, 0], [0, 1, 1, 1, 0, 0, 1, 1],

[0, 1, 1, 1, 0, 1, 0, 0], [0, 1, 1, 1, 0, 1, 0, 1], [0, 1, 1, 1, 0, 1, 1, 0], [0, 1, 1, 1, 0, 1, 1, 1], #112～119

[0, 1, 1, 1, 1, 0, 0, 0], [0, 1, 1, 1, 1, 0, 0, 1], [0, 1, 1, 1, 1, 0, 1, 0], [0, 1, 1, 1, 1, 0, 1, 1],

[0, 1, 1, 1, 1, 1, 0, 0], [0, 1, 1, 1, 1, 1, 0, 1], [0, 1, 1, 1, 1, 1, 1, 0], [0, 1, 1, 1, 1, 1, 1, 1], #120～127

[1, 0, 0, 0, 0, 0, 0, 0], [1, 0, 0, 0, 0, 0, 0, 1], [1, 0, 0, 0, 0, 0, 1, 0], [1, 0, 0, 0, 0, 0, 1, 1],

[1, 0, 0, 0, 0, 1, 0, 0], [1, 0, 0, 0, 0, 1, 0, 1], [1, 0, 0, 0, 0, 1, 1, 0], [1, 0, 0, 0, 0, 1, 1, 1], #128 ~ 135

[1, 0, 0, 0, 1, 0, 0, 0], [1, 0, 0, 0, 1, 0, 0, 1], [1, 0, 0, 0, 1, 0, 1, 0], [1, 0, 0, 0, 1, 0, 1, 1],

[1, 0, 0, 0, 1, 1, 0, 0], [1, 0, 0, 0, 1, 1, 0, 1], [1, 0, 0, 0, 1, 1, 1, 0], [1, 0, 0, 0, 1, 1, 1, 1], #136 ~ 143

[1, 0, 0, 1, 0, 0, 0, 0], [1, 0, 0, 1, 0, 0, 0, 1], [1, 0, 0, 1, 0, 0, 1, 0], [1, 0, 0, 1, 0, 0, 1, 1],

[1, 0, 0, 1, 0, 1, 0, 0], [1, 0, 0, 1, 0, 1, 0, 1], [1, 0, 0, 1, 0, 1, 1, 0], [1, 0, 0, 1, 0, 1, 1, 1], #144 ~ 151

[1, 0, 0, 1, 1, 0, 0, 0], [1, 0, 0, 1, 1, 0, 0, 1], [1, 0, 0, 1, 1, 0, 1, 0], [1, 0, 0, 1, 1, 0, 1, 1],

[1, 0, 0, 1, 1, 1, 0, 0], [1, 0, 0, 1, 1, 1, 0, 1], [1, 0, 0, 1, 1, 1, 1, 0], [1, 0, 0, 1, 1, 1, 1, 1], #152 ~ 159

[1, 0, 1, 0, 0, 0, 0, 0], [1, 0, 1, 0, 0, 0, 0, 1], [1, 0, 1, 0, 0, 0, 1, 0], [1, 0, 1, 0, 0, 0, 1, 1],

[1, 0, 1, 0, 0, 1, 0, 0], [1, 0, 1, 0, 0, 1, 0, 1], [1, 0, 1, 0, 0, 1, 1, 0], [1, 0, 1, 0, 0, 1, 1, 1], #160 ~ 167

[1, 0, 1, 0, 1, 0, 0, 0], [1, 0, 1, 0, 1, 0, 0, 1], [1, 0, 1, 0, 1, 0, 1, 0], [1, 0, 1, 0, 1, 0, 1, 1],

[1, 0, 1, 0, 1, 1, 0, 0], [1, 0, 1, 0, 1, 1, 0, 1], [1, 0, 1, 0, 1, 1, 1, 0], [1, 0, 1, 0, 1, 1, 1, 1], #168 ~ 175

[1, 0, 1, 1, 0, 0, 0, 0], [1, 0, 1, 1, 0, 0, 0, 1], [1, 0, 1, 1, 0, 0, 1, 0], [1, 0, 1, 1, 0, 0, 1, 1],

[1, 0, 1, 1, 0, 1, 0, 0], [1, 0, 1, 1, 0, 1, 0, 1], [1, 0, 1, 1, 0, 1, 1, 0], [1, 0, 1, 1, 0, 1, 1, 1], #176 ~ 183

[1, 0, 1, 1, 1, 0, 0, 0], [1, 0, 1, 1, 1, 0, 0, 1], [1, 0, 1, 1, 1, 0, 1, 0], [1, 0, 1, 1, 1, 0, 1, 1],

[1, 0, 1, 1, 1, 1, 0, 0], [1, 0, 1, 1, 1, 1, 0, 1], [1, 0, 1, 1, 1, 1, 1, 0], [1, 0, 1, 1, 1, 1, 1, 1], #184 ~ 191

[1, 1, 0, 0, 0, 0, 0, 0], [1, 1, 0, 0, 0, 0, 0, 1], [1, 1, 0, 0, 0, 0, 1, 0], [1, 1, 0, 0, 0, 0, 1, 1],

[1, 1, 0, 0, 0, 1, 0, 0], [1, 1, 0, 0, 0, 1, 0, 1], [1, 1, 0, 0, 0, 1, 1, 0], [1, 1, 0, 0, 0, 1, 1, 1], # 192 ~ 199

[1, 1, 0, 0, 1, 0, 0, 0], [1, 1, 0, 0, 1, 0, 0, 1], [1, 1, 0, 0, 1, 0, 1, 0], [1, 1, 0, 0, 1, 0, 1, 1],

[1, 1, 0, 0, 1, 1, 0, 0], [1, 1, 0, 0, 1, 1, 0, 1], [1, 1, 0, 0, 1, 1, 1, 0], [1, 1, 0, 0, 1, 1, 1, 1], # 200 ~ 207

[1, 1, 0, 1, 0, 0, 0, 0], [1, 1, 0, 1, 0, 0, 0, 1], [1, 1, 0, 1, 0, 0, 1, 0], [1, 1, 0, 1, 0, 0, 1, 1],

[1, 1, 0, 1, 0, 1, 0, 0], [1, 1, 0, 1, 0, 1, 0, 1], [1, 1, 0, 1, 0, 1, 1, 0], [1, 1, 0, 1, 0, 1, 1, 1], # 208 ~ 215

[1, 1, 0, 1, 1, 0, 0, 0], [1, 1, 0, 1, 1, 0, 0, 1], [1, 1, 0, 1, 1, 0, 1, 0], [1, 1, 0, 1, 1, 0, 1, 1],

[1, 1, 0, 1, 1, 1, 0, 0], [1, 1, 0, 1, 1, 1, 0, 1], [1, 1, 0, 1, 1, 1, 1, 0], [1, 1, 0, 1, 1, 1, 1, 1], # 216 ~ 223

[1, 1, 1, 0, 0, 0, 0, 0], [1, 1, 1, 0, 0, 0, 0, 1], [1, 1, 1, 0, 0, 0, 1, 0], [1, 1, 1, 0, 0, 0, 1, 1],

[1, 1, 1, 0, 0, 1, 0, 0], [1, 1, 1, 0, 0, 1, 0, 1], [1, 1, 1, 0, 0, 1, 1, 0], [1, 1, 1, 0, 0, 1, 1, 1], # 224 ~ 231

[1, 1, 1, 0, 1, 0, 0, 0], [1, 1, 1, 0, 1, 0, 0, 1], [1, 1, 1, 0, 1, 0, 1, 0], [1, 1, 1, 0, 1, 0, 1, 1],

[1, 1, 1, 0, 1, 1, 0, 0], [1, 1, 1, 0, 1, 1, 0, 1], [1, 1, 1, 0, 1, 1, 1, 0], [1, 1, 1, 0, 1, 1, 1, 1], # 232 ~ 239

[1, 1, 1, 1, 0, 0, 0, 0], [1, 1, 1, 1, 0, 0, 0, 1], [1, 1, 1, 1, 0, 0, 1, 0], [1, 1, 1, 1, 0, 0, 1, 1],

[1, 1, 1, 1, 0, 1, 0, 0], [1, 1, 1, 1, 0, 1, 0, 1], [1, 1, 1, 1, 0, 1, 1, 0], [1, 1, 1, 1, 0, 1, 1, 1], # 240 ~ 247

[1, 1, 1, 1, 1, 0, 0, 0], [1, 1, 1, 1, 1, 0, 0, 1], [1, 1, 1, 1, 1, 0, 1, 0], [1, 1, 1, 1, 1, 0, 1, 1],

[1, 1, 1, 1, 1, 1, 0, 0], [1, 1, 1, 1, 1, 1, 0, 1], [1, 1, 1, 1, 1, 1, 1, 0], [1, 1, 1, 1, 1, 1, 1, 1]] # 248 ~ 255

```python
# To convert signed bytes to unsigned bytes, is Right
def unsignedByte(self, value: byte) -> int:
```

```
        result = value;
        if (value > 0xff):
            result = (value % 0xff) − 1;
        elif (value < 0):
            result = value + 0xff + 1;

        if (result < 0):
            result = self.unsignedByte(byte(result));
        return result;

# public byte IntToByte(int value) [
# return (byte) value
# }

# Implanting a digital password into the Jielin code coefficient
def changeKeyt(self, coder: WJLCoder, keyt):
    print(keyt)
    if (keyt < 1000 and keyt > 0):
        print("IF: " , (coder.getCoefficient() − (1.0 / (double(keyt + 1000.0)))));
            coder.setCoefficient(coder.getCoefficient() − (1.0 / double(keyt +
1000.0)))
        elif (keyt >= 1000):
            print("ELSE IF: ", coder.getCoefficient() − (1.0 / double(keyt)));
            coder.setCoefficient(coder.getCoefficient() − (1.0 / double(keyt)))

    # The probability of symbol 0 in statistical InBuFF is calculated, and the
    # coefficient of Jilin code is obtained according to the probability and
    # ByteLength of symbol 0. This function is obtained according to the theory
of
    # Jielin code
    def GetJieLinCoeV(self, coder: WJLCoder, InBuFF: bytearray, InBuFFLen:
int):
        Count0 = 0
```

```
        H = 0
        i = 0
        # Number of statistical symbols 0
        while i < InBuFFLen:
            j = 0
            while j < 8:
                if self.bitOfByteTable[self.unsignedByte(InBuFF[i])][j] == 0:
                    Count0 = Count0 + 1
                j += 1
            i += 1


        # Get the probability p0 of symbol 0 and the probability p1 of symbol 1
        coder.setProbabilityOfZeros(double(Count0) / double(InBuFFLen * 8.0))
        coder.setProbabilityOfOnes(1.0 - coder.getProbabilityOfZeros())


        # Binary sequences of all 0 or all 1 need to be preprocessed
        if coder.getProbabilityOfZeros() == 0.0:
            coder.setProbabilityOfZeros(0.0000000001)
            coder.setProbabilityOfOnes(1.0 - coder.getProbabilityOfZeros())
        elif (coder.getProbabilityOfOnes() == 0.0):
            coder.setProbabilityOfOnes(0.0000000001)
            coder.setProbabilityOfZeros(1.0 - coder.getProbabilityOfOnes())


        # get the standard information entropy
        H = -coder.getProbabilityOfZeros() * (
                math.log(coder.getProbabilityOfZeros()) / math.log(2.0)) - coder.
getProbabilityOfOnes() * (math.log(coder.getProbabilityOfOnes()) / math.log(2.0))
        # get the Jielin code coefficient
        coder.setCoefficient(math.pow(2.0, H - (double(coder.getOutByteLength())
/ double(InBuFFLen))))


    # Output bytes to cache and weighted encoding
    def OutPutByte(self, coder: WJLCoder, ucByte: int):
```

```
        if (coder.getEncodeOutBufferLoop() < coder.getOutByteLength()):
                coder.getEncodeOutBufferArray()[coder.getEncodeOutBufferLoop()] =
byte(ucByte & 0x00FF)
        else:
                # A small number of bytes perform XOR operations in the EOut_buff
unsignedByte (Check)
                        coder.getEncodeOutBufferArray()[coder.getBOBL() % coder.
getOutByteLength()] = (byte(coder.getEncodeOutBufferArray()[coder.getBOBL() %
coder.getOutByteLength()] ^ ucByte))
                coder.setBOBL(coder.getBOBL() + 1)
                coder.setEncodeOutBufferLoop(coder.getEncodeOutBufferLoop() + 1)


    # Encode by JielinCeo
    def Encode(self, coder: WJLCoder, symbol: bytes):
        high: long = 0
        i = 0
        if (1 == symbol):  # the Symbol 1
                coder.setEncodeFlow(coder.toUnsignedInteger(coder.getEncodeFlow()
+ (int((coder.getEncodeFlowRange() * coder.getProbabilityOfZeros())))));
                        coder.setEncodeFlowRange(coder.toUnsignedInteger(int((coder.
getEncodeFlowRange() * coder.getProbabilityOfOnes() * coder.getCoefficient())))));
                else:
                        coder.setEncodeFlowRange(coder.toUnsignedInteger(int((coder.
getEncodeFlowRange() * coder.getProbabilityOfZeros() * coder.getCoefficient())))));

        while (coder.getEncodeFlowRange() <= coder.getRangeCodeMinIterval()):
                high = coder.toUnsignedInteger(coder.getEncodeFlow() + coder.
getEncodeFlowRange() - 1)
                if (coder.getEncodeDelayCount() != 0):
                    if (high <= coder.getRangeCodeMaxIterval()):
                        self.OutPutByte(coder, coder.getEncodeDelay())
                        i = 1
                        while (i <= (coder.getEncodeDelayCount() - 1)):
```

```
                    self.OutPutByte(coder, 0xFF)
                    i += 1
              coder.setEncodeDelayCount(0)
              coder.setEncodeFlow(coder.toUnsignedInteger(coder.getEncode
Flow() + coder.getRangeCodeMaxIterval()))
          elif (coder.getEncodeFlow() >= coder.getRangeCodeMaxIterval()):
              self.OutPutByte(coder, coder.getEncodeDelay() + 1)
              i = 1
              while (i <= (coder.getEncodeDelayCount() - 1)):
                  self.OutPutByte(coder, 0x00)
                  i += 1
              coder.setEncodeDelayCount(0)
          else:
              coder.setEncodeDelayCount(coder.getEncodeDelayCount() + 1)
              coder.setEncodeFlow(coder.toUnsignedInteger((coder.getEncode
Flow()<<8) & (coder.getRangeCodeMaxIterval()-1)))
                  coder.setEncodeFlowRange(coder.toUnsignedInteger(coder.
getEncodeFlowRange() << 8))
              continue

          if ((coder.getEncodeFlow()^high) & (0x00FF << coder.getRangeCode
ShiftBitsLenght())) == 0:
                  self.OutPutByte(coder, int(coder.getEncodeFlow() >> coder.
getRangeCodeShiftBitsLenght()))
          else:
                  coder.setEncodeFlow(coder.toUnsignedInteger(coder.getEncode
Flow() - coder.getRangeCodeMaxIterval()))
              coder.setEncodeDelay(int(coder.toUnsignedInteger(coder.getEncode
Flow() >> coder.getRangeCodeShiftBitsLenght())))
              coder.setEncodeDelayCount(1)
          coder.setEncodeFlow(coder.toUnsignedInteger((coder.getEncodeFlow()
<< 8) & (coder.getRangeCodeMaxIterval() - 1)) | coder.toUnsignedInteger(coder.
getEncodeFlow() & coder.getRangeCodeMaxIterval()))
```

```
            coder.setEncodeFlowRange(coder.toUnsignedInteger(coder.
getEncodeFlowRange() << 8))


    # Finish Encode by JielinCeo
    def FinishEncode(self, coder: WJLCoder):
        n = 0
        if (coder.getEncodeDelayCount() != 0):
            if (coder.getEncodeFlow() < coder.getRangeCodeMaxIterval()):
                self.OutPutByte(coder, coder.getEncodeDelay())
                n = 1
                while (n <= (coder.getEncodeDelayCount() - 1)):
                    self.OutPutByte(coder, 0xFF)
                    n += 1
            else:
                self.OutPutByte(coder, coder.getEncodeDelay() + 1)
                n = 1
                while (n <= (coder.getEncodeDelayCount() - 1)):
                    self.OutPutByte(coder, 0x00)
                    n += 1


            coder.setEncodeFlow(coder.toUnsignedInteger(coder.getEncodeFlow()
<< 1))
        n = coder.getRangeCodeBitsLenght() + 1


        while (True):
            n -= 8
            self.OutPutByte(coder, int(coder.toUnsignedInteger(coder.getEncode
Flow() >> n)))
                if (n <= 0):
                    break


    # the main function
    def getWJLHA(self, InBytesBuFF: bytes, keyt: int, ByteLength: int) -> byte:
```

```
i = 0
# byte[] tempInBytesBuFF
wjlha = WJLCoder()
wjlha.setEncodeOutBufferArray(ByteLength)
wjlha.setOutByteLength(ByteLength)
wjlha.setBOBL(0)
# First, check and Supplementary bytes
if (len(InBytesBuFF) < ByteLength * 10):
    tempInBytesBuFF = [0]*(ByteLength * 10)

    while (i < len(InBytesBuFF)):
        tempInBytesBuFF[i] = byte(self.unsignedByte(InBytesBuFF[i]));
        i += 1
    while (i < ByteLength * 10):
        tempInBytesBuFF[i] = byte((self.unsignedByte(InBytesBuFF[len(InB
ytesBuFF) - 1]) + i) & 0x00FF)
        i = i + 1
else:
    tempInBytesBuFF = InBytesBuFF


# Third, Hash Algorithm for Weighted Probability Model
self.GetJieLinCoeV(wjlha, tempInBytesBuFF, len(tempInBytesBuFF))

# Implant password
if (keyt > 0):
    self.changeKeyt(wjlha, keyt)

i = 0
while (i < len(tempInBytesBuFF)):
    j = 0
    while (j < 8):
        self.Encode(wjlha, self.bitOfByteTable[self.unsignedByte(tempInByt
esBuFF[i])][j])
```

```
        j += 1
      i += 1
    self.FinishEncode(wjlha)
    return wjlha.getEncodeOutBufferArray()


def main():

  print("\n")
  wha: WJLHACore = WJLHACore()
  Out_BUFF = wha.getWJLHA(bytes("Any thing 123456 !@#$%^&*()", 'utf-
8'), 99, 16)


  # print(binascii.hexlify(Out_BUFF))


  for byte in Out_BUFF:
    print(wha.unsignedByte(byte), end=' ')


if __name__ == "__main__":
  main()
```

WJLHA2.0.1 版省略了 Python 实现，感兴趣的读者可以自己尝试一下。

　　例 6.1　相同密钥，得出"abcdefghijklmnopqrstuvwxyz123456789"的不同长度的哈希值（表 6-1）。

表 6-1　自定义哈希值长度的测试结果

输出长度	输　　出
4 byte	b21527d1
8 byte	7a63428361901e1c
15 byte	d99067a5ebd9dd1f5eefc63bddcfa
16 byte	8aa3404995ca1e7c33a3785df04c9059

输出长度	输 出
20 byte	cd5c2c83aa1cf1468590303811895af11bf06943
24 byte	c7087bc70f4e4a4a1f8aa602e96dbdec17878fea7981c1
27 byte	d67b9f903e878ca4ce7871f86a777cabc81fc4cfb6714d06a6
30 byte	382b9190ddbceede11d88fe8bd5345b54a22fd65cd6722cc869deeabce40
32 byte	233652b6ff6365c634bd1f7dbe58967ebde64b849b5beed3a145f4b83efe365

例 6.2 不同密钥，得出"abcdefghijklmnopqrstuvwxyz123456789"的 128 位哈希值（表 6–2）。

表 6–2 128 位哈希值长度，不同密钥的测试结果

密 钥	输 出
0	8aa3404995ca1e7c33a3785df04c9059
1	2caf337fec3a5ee3fb763f4b46a83971
2	fb2eaa5f6a633aaf1c3007d00e605972
3	9735b2362ac6b29771ced75e9225ead2

6.4 WJLHA 的碰撞概率

根据本书第 2 章例 2.4 中的公式（2–13）可得，加权概率模型的信息熵为（单位为 bit）

$$H(X,r) = -\log_2 r + H(X)$$

其中 $H(X) = -p(0)\log_2 p(0) - p(1)\log_2 p(1)$。

当加权概率模型编码输出 L bit 时，根据信息熵理论，存在如下表达式（单位为 bit）

$$-n\log_2 r + nH(X) = L$$

于是

$$r = 2^{H(X)-L/n}$$

　　根据信息熵理论，熵编码后的结果将无法再进行无损压缩（达到信息熵就意味着编码结果是无损压缩的极限），否则当前的编码结果未达到信息熵。若编码后的二进制序列符号 0 和符号 1 等概率，即 $p(0)=p(1)=0.5$ 时，根据信息熵 $H(X)=-p(0)\log_2 p(0)-p(1)\log_2 p(1)=1(\text{bit})$，此时编码后的结果无法再压缩，因为每个符号 0 或符号 1 均需要 1 bit 的信息量。

　　根据上述理论推导，因 WJLHA 算法基于二进制序列信息熵 $H(X)$ 给出的权系数 r，显然 WJLHA 算法的第一步是将二进制序列进行熵编码，使编码结果中符号的概率均等。第二步在第一步编码后的结果中随机取 L bit 作为哈希值，所以符号 0 和符号 1 的转移概率为 0.5，即哈希值中符号 0 和符号 1 的概率在理论上也满足 $p(0)=p(1)=0.5$。

　　显然，理论上 WJLHA 算法的哈希值中各符号概率均等，符合"生日碰撞"（哈希碰撞）概率推导的前提条件。设哈希值由 L 个 0 和 1 组成，则取值空间取值范围为 $\{0,1,\cdots,2^L-1\}$。令 $d=2^L$，则 N 次试验的哈希碰撞概率为

$$p(N,d)\approx 1-\mathrm{e}^{\frac{-N(N-1)}{2d}} \tag{6-1}$$

6.5　WJLHA 产生等概率随机数

　　本节扩展了 WJLHA 算法的应用，该算法可以根据自定义 L 的值，生成 byte（8 bit）、int（32 bit）随机数。随机数在统计分析、随机抽样、密码、信息安全等应用中具有重大用途，比如银行 U 盾生成的随机数字、短信验证码等。

　　定理 6.1　哈希值中符号 0 和符号 1 的概率均等，即 $p(0)=p(1)=0.5$。

　　证明　设 L bit 长度的哈希值记为二进制序列 Y，其信息熵为 $H(Y)=-p(0)\log_2 p(0)-p(1)\log_2 p(1)$。因序列 Y 为加权概率模型编码后的结果，所以 $H(Y)=H(X,r)$。根据定理 2.1，$LH(Y)=-n\log_2 r+nH(X)$（n 为二进制序列 X 的比特长度），所以当且仅当 $H(Y)=1$ 时，公式（2-13）成立，即 r 满足公式（2-14）。否则 r 不满足公式（2-14）。又当且仅当 $p(0)=p(1)=0.5$ 时，$H(Y)=1$，所以序列 Y 中符号 0 和符号 1 的概率均等。

　　根据定理 6.1，WJLHA 编码后的二进制序列中，符号的概率在理论上达到均等分布。显然，WJLHA 可以产生等概率随机数。

将系统的时间戳、变化的内存指针、其他随时间变化的信息（或组合信息、上一个随机数等）作为 WJLHA 的输入，设定 $L=8$ 或 $L=32$ 时，将产生一个 $0 \sim 2^8$ 或 $0 \sim 2^{32}$ 等概率的随机数。

6.6　行业应用及优势

哈希算法，又被称为散列算法，它将任意大小的数据映射为一个较小的、固定长度的唯一值。加密性强的散列一定是不可逆的，这就意味着通过散列结果无法推出任何的原始数据或信息。任何输入信息的变化，哪怕仅一位，都将导致哈希值的明显变化，即雪崩效应。

目前市面上比较有名、使用比较广泛的有 MD5 和 SHA 系列算法。

MD5 由美国密码学家罗纳德·李维斯特（Ronald Linn Rivest）设计，于 1992 年公开，用以取代 MD4 算法。这套算法的程序根据 RFC 1321 标准被加以规范。1996 年后，该算法被证实存在弱点，可以被破解，对于需要高度安全性的数据，专家一般建议改用其他算法。

类似的，SHA-1 已经不再被视为可抵御有充足资金、充足计算资源的攻击者的算法。2005 年，密码分析人员发现了对 SHA-1 的有效攻击方法，这表明该算法可能不够安全，不能继续被使用，自 2010 年以来，许多组织建议用 SHA-2 或 SHA-3 替换 SHA-1。

而目前市面上所有的其他散列算法都有一个共同点，那就是不论如何，输出的二进制长度是固定的，例如 MD5 输出长度为 128 位的二进制序列，SHA256 输出长度为 256 位的二进制序列。

本算法 WJLHA 与其他哈希算法相比最大的不同点在于输出的长度可以自行调节，更具有不确定性，也更难产生碰撞，更难被暴力破解，自然更加安全。

WJLHA 算法与目前市面上使用比较广泛的 MD5 和 SHA 系列算法进行比较，比较结果如表 6-3 所示。

表 6-3　WJLHA 与国际主流哈希算法比较

功　能	MD5	SHA-1	SHA-256	SHA-512	WJLHA
输出长度 /byte	16	20	32	64	可为任意长度

输出长度自定义	不支持	不支持	不支持	不支持	支持
额外密钥	不支持	不支持	不支持	不支持	支持
安全性	低	低	高	极高	极高

表 6-4 ～表 6-6 为同等输出长度的不同哈希算法（Java 语言）的速率比较（时间单位：ms）。

输入 1：abcdefghijklmnopqrstuvwxyz123456789。

输入 2：abcdefghijklmnopqrstuvwxyz123456789~!@#$%^&*（）_+。

表 6-4　WJLHA 与 MD5 在输出设定为 128 bit 时效率比较

哈希算法编码用时	MD5	WJLHA-16
输出长度	128 bit	128 bit
输入 1	3	4
输入 2	4	4

表 6-5　WJLHA 与 SHA256 在输出设定为 256 bit 时效率比较

哈希算法编码用时	SHA-256	WJLHA-32
输出长度	256 bit	256 bit
输入 1	4	5
输入 2	4	5

表 6-6　WJLHA 与 SHA512 在输出设定为 512 bit 时效率比较

哈希算法编码用时	SHA-512	WJLHA-64
输出长度	512 bit	512 bit
输入 1	6	7
输入 2	6	7

虽然 WJLHA 所需要的时间略高于 MD5 和 SHA 系列算法，但防碰撞能力接近理论极限。哈希算法主要有如下应用场景。

场景一：安全加密。

日常用户密码加密通常使用的都是哈希函数，因为不可逆，而且微小的区别被加密后结果差距很大，所以安全性更好。

场景二：唯一标识（标签水印）。

数据防伪、防篡改等需要计算当前数据的唯一标识，任意篡改均无法算出同一个哈希值。避免数据在传输中途被劫持篡改。

场景三：随机数生成。

本算法 WJLHA 的输出还有一个特性，即输出的序列二进制值中的 0 与 1 的概率皆趋近 0.5，因此将系统时间、新申请的内存指针地址作为 WJLHA 算法输入，输出为一个字节，可以产生一个 0 ~ 255 的随机数。如果产生 4 个字节的哈希值，可以产生一个 int 型的随机数。

场景四：数字货币。

比特币地址是由公钥经过单向的加密哈希算法生成的。区块链中的每个区块也会有哈希值。在比特币系统中，交易哈希和区块哈希是通过 SHA256 函数生成的，最终得到 256 位二进制的哈希值。我们可以挖掘更多的哈希算法应用场景。

由于 WJLHA 采用了大量的浮点数运算，且按照比特线性编码，因此运算效率相对比较低。但浮点数运算是可以被优化的，且线性编码运算可以被改为并行编码运算。优化和并行化方法都比较成熟，本书不进行赘述。

6.7 章结

本章提供了全新的哈希算法，在该算法实验中尚未发现相同哈希值，且具有可迭代使用、L 可自定义特征。该算法可被灵活应用，可应用于信息安全、数字签名、文件校验等领域。

由于本章提供的哈希算法是以 bit 为单位的线性编码过程，因为存在众多的浮点运算，相较于 MD5、SHA 算法运算效率低。未来研究重点是提高运算效率。

第7章 多功能算法

加权概率模型编码算法可通过改变概率系数适配不同的应用场景，其中一个场景就是集多个功能于一体的算法，比如无损压缩和对称加密二合一的编码算法，无损压缩、对称加密和检错三合一的编码算法。本章仅举例两个多功能算法。

7.1 无损压缩和对称加密二合一算法

例 7.1 给定长度为n的二进制伯努利序列X，X中符号 0 和符号 1 的概率$p(0)=\dfrac{3}{4}$，$p(1)=\dfrac{1}{4}$。无损压缩序列X的同时，可设定6位数字密钥（如 123456）。不同的数字密钥编码后的结果必须不同，求权系数r。

根据信息论，当二进制序列X中符号等概率时，熵最大，此时将无法对序列X进行无损压缩（参阅香农信息论的无失真编码定理）。而在本例子中很明显符号 0 和符号 1 的概率并不均等。

根据第 5 章的分析，当数字密钥嵌入权系数r，收缩模型或扩张模型均可实现无损压缩。根据定理 2.1，设$r=1$则

$$H(X,r)=-p(0)\log_2 rp(0)-p(1)\log_2 rp(1)=H(X)$$

由于收缩模型$r<1$，且收缩模型可无损编解码（见 1.1 节的定理 1.1）。于是当$r<1$且$r\to1$时，$H(X,r)\to H(X)$，即收缩模型具有无损压缩功能。接下来是确保加入数字密钥后$r<1$且$r\to1$成立。令$r=1.0-d$，显然，当$d\to0$时$r<1$且$r\to1$成立。比如，$r=1.0-\dfrac{1}{123\,456}$，或者$r=0.999\,123\,456$。方法很多，且非常简单。

然后采用 5.2 节的编码程序进行编解码，可以实现无损压缩和对称加密二合一算法。数字密钥不同，编码后的结果必然不同。

7.2　无损压缩、对称加密和检错三合一算法

例 7.2　给定长度为n的二进制伯努利序列X，X中符号 0 和符号 1 的概率$p(0)=\dfrac{3}{4}$，$p(1)=\dfrac{1}{4}$。无损压缩序列X的同时，可设定6位数字密钥（如123456）。不同的数字密钥编码后的结果必须不同，且已知数字密钥时能发现数据是否被篡改或错误，求权系数r。

根据 4.1 节检错方法，首先序列X需要满足（4-1），且$t=1$，因此需要在每个符号 1 后面增加一个符号 0。添加符号后符号 0 和符号 1 的概率分别为$\dfrac{4}{5}$和$\dfrac{1}{5}$，总长度为$\dfrac{5}{4}n$。然后，将$p'(0)=\dfrac{4}{5}$代入（1-20）得出$r_{max}=1.0355339$，接着将$\phi(0)=\dfrac{4r_{max}}{5}$和$\phi(1)=\dfrac{r_{max}}{5}$代入公式（2-3）得$H(X,r_{max})=0.725\,864$ bit。通过扩张模型编码后数据的长度为$0.725\,864\times\dfrac{5}{4}n=0.907\,33n<n$，所以数据可被无损压缩。

若$r=1.035\,531\,234\,56$，其中 123456 为嵌入在权系数中的数字密钥，则$H(X,r_{max})=0.725\,868\,4$ bit。通过扩张模型编码后数据的长度为$0.725\,868\,4\times\dfrac{5}{4}n=0.907\,335\,5n<n$，数据同样可被无损压缩。由于用$r=1.035\,531\,234\,56$进行扩张模型编码的结果与用$r_{max}=1.035\,533\,9$进行扩张模型编码的结果不相同，所以不同的数字密钥编码后的结果不同。

当数字密钥已知，即已知数字密钥为123456，且$p(0)=\dfrac{3}{4}$，$p(1)=\dfrac{1}{4}$已知，则可将$p'(0)=\dfrac{4}{5}$代入（1-20）得出$r_{max}=1.035\,533\,9$，按照同样的方式将数字密钥嵌入r_{max}得到扩张模型权系数$r=1.035\,531\,234\,56$。解码时当连续解码出两个及以上的符号 1 时，则说明数据发生错误或被篡改。

7.3　章结

多功能算法不是级联算法，而是一个算法逻辑同时具有多个功能。多功能算法行业应用面广，更适合芯片化。比如，在存储领域，同时具备压缩、加密、检错的功能算法芯片具有高可靠性、高效率性、高安全性、低功耗等特征。

第 8 章　延伸研究

从加权概率的定义$\phi(a) = rp(a)$分析，权系数r是已知变量，代表确定性，而概率质量函数$p(a)$代表不确定性，因此加权概率$\phi(a)$是确定性和不确定性的乘积函数。除了构建各种编码算法以外，哪些现象表现出加权概率的特征？加权概率模型在人工智能、数据分析等领域是否具有更多的应用价值？这些问题值得深挖和研究。

8.1　任意离散序列转换为等长、符号等概率离散序列

设长度为n的任意二进制序列X，其中符号 0 和符号 1 的概率为$p(0)$和$p(1)$。根据信息论，序列X的信息熵$H(X) = -p(0)\log_2 p(0) - p(1)\log_2 p(1)$。设加权概率模型编码后的结果为$n$，则

$$-n\log_2 r + nH(X) = n \qquad (8-1)$$

化简可得

$$r = 2^{H(X)-1} \qquad (8-2)$$

因为$0 \leqslant H(X) \leqslant 1$，所以$0.5 \leqslant r \leqslant 1.0$。根据定理 1.2，加权概率模型编码算法是无损的，即通过公式（8-1），加权概率模型可以将随机序列X无损地转换为等长度的随机序列Y。根据定理 6.1，序列Y中符号 0 和符号 1 的概率均等。

显然，任意序列X可以通过公式（8-2）给出加权系数，通过加权概率模型被无损编码为符号等概率的随机序列Y。随机序列Y也可以无损地还原为序列X。无损还原的前提是加权系数r在编解码时一致。

8.2　度量序列的随机性

首先，我们需要一个可以被观察的系统，这个系统是动态随机变化的，但系统中的任何状态或现象都能被长期观察，并且能用离散的符号表示系统的状态。设这些离散的符号（随机变量）来自一个可数的非负整数集 A，$A=\{0,1,2,\cdots,k\}$。通过观察和记录，我们可得到随机序列 $X=(x_1,x_2,\cdots,x_i,\cdots,x_n)$。

显然，当 $x_i \in A=\{0,1\}$ 时随机序列 X 是最简单的随机序列，我们认为此时系统只有两个状态。若观察过程是有时序且离散的，则随机序列 X 是离散随机序列。

根据加权概率模型理论，当随机序列 X 呈现出已知形态特征，如连续 1 的个数或连续 0 的个数为可数值时，扩张模型的权系数最大值 r_{max} 可由（1-21）得出，且 $r_{max}>1$。

若对随机系统观察的时间足够长，即 $n \to \infty$，则连续符号 1 的个数或连续符号 0 的个数也趋近于无穷（若每个符号取非得到序列 $\overline{X}$，则序列 $\overline{X}$ 中连续符号 1 的个数为序列 X 中连续符号 0 的个数），于是根据（1-21）得出 $r_{max} \to 1$。也就是说 r_{max} 在一定程度上可以反映随机序列 X 或序列 $\overline{X}$ 的随机程度。

定义 8.1　设符号 0 和符号 1 的概率为 $p(0)$ 和 $p(1)$，由概率随机生成的二进制伯努利序列 X 中连续的符号 0 或符号 1 的个数为 t。如果正实数 r_{max} 满足：

$$r_{max}p(0)+r_{max}^{2}p(0)p(1)+r_{max}^{3}p(0)p(1)^{2}+\cdots+r_{max}^{t+1}p(0)p(1)^{t}=1 \quad （8-3）$$

则称 r_{max} 为序列 X 的随机度。

根据定义 8.1，表 1-1 中的 r_{max} 表示不同规律下二进制序列的随机度。显然，随机度越接近 1，说明二进制序列越随机。于是，将 $r_{max}=1$ 定义为二进制序列完全随机状态，此时 $H(X,r_{max})=H(X)$。

序列 X 满足下面条件时，定义 8.1 才有效。

"序列 X 的产生不受人为干涉，是自然且随机的。"

如果人为设定序列 X 连续的符号 1 或连续的符号 0 的个数，将使 $r_{max} \to 1$。此时定义 8.1 失效，用 r_{max} 无法测定随机度。

8.3 自适应加权概率模型算法

本节基于自适应的统计概率构建了自适应加权概率模型编码算法，该算法适用于比特流或字节流场景。即在未知需要编码的数据长度的情形下，我们将无法先得出各个符号的概率，所以需要采用自适应的统计方式得出每个符号编码时的概率。根据第 3 章的分析，不难得出加权概率模型具备下面两个已知信息。

（1）属于线性编码，已经编译码的符号及数量已知。

（2）当前需要编译码符号的概率质量函数已知。

基于上述两个特征，我们约定任意符号 x（$x \in A$）的计数值 C_x 的初始值为 1，即 $C_x = 1$。根据公式（1-1），令 T 为集合 A 中所有符号的计数值的总和，即

$$T = \sum_{x=0}^{s} C_x \qquad (8-4)$$

很显然，设第 i 个待编码的符号为 x_i，且 $x_i = a$（$a \in A$）。则编码前符号 a 的概率为

$$p(a) = \frac{C_a}{T} \qquad (8-5)$$

$$F(x) = \sum_{a \leq x} p(a) = \sum_{a \leq x} \frac{C_a}{T} \qquad (8-6)$$

然后根据定义 1.1 和定义 1.2 有

$$\phi(a) = \frac{rC_a}{T} \qquad (8-7)$$

$$F(x, r) = r \sum_{a \leq x} \frac{C_a}{T} \qquad (8-8)$$

因 $F(x-1, r) = rF(x) = r \sum_{a < x} \frac{C_a}{T}$，所以根据公式（1-7）有

$$F(X, r) = \sum_{i=1}^{n} r^i \left(\sum_{a=0}^{x_i-1} \frac{C_a}{T} \right) \prod_{j=1}^{i-1} \frac{C_{x_j}}{T} + r^n \prod_{i=1}^{n} \frac{C_{x_i}}{T} \qquad (8-9)$$

编码第 i 个符号 x_i 后，更新 C_{x_i} 和 T，即 $C_{x_i} = C_{x_i} + 1$，$T = T + 1$。将公式（8-9）转化为迭代式，即

$$R_i = R_{i-1}\frac{rC_{x_i}}{T}$$

$$L_i = L_{i-1} + R_{i-1}r\sum_{a<C_{x_i}}\frac{C_{x_i}}{T} \qquad (8-10)$$

$$H_i = L_i + R_i$$

设例 1.3 中第 i 个符号编码后，已经编码了 C_i^0 个符号 0 和 C_i^1 个符号 1，总的符号个数为 $T_i = C_i^0 + C_i^1$。于是，在编码第 $i+1$ 个符号以前，符号 0 和符号 1 的概率分别为 $p(0) = \frac{C_i^0}{T_i}$，$p(1) = \frac{C_i^1}{T_i}$。因 L_i 和 R_i 在编码第 $i+1$ 个符号以前也是已知的，所以由（8-10）可得 H_{i+3} 和 H_{i+1} 为

$$H_{i+3} = L_i + \frac{R_i r^2 (C_i^0+1)(C_i^0+2)}{(T_i+1)(T_i+3)} + \frac{R_i r^3 (C_i^0+1)(C_i^1+1)(C_i^0+2)}{(T_i+1)(T_i+2)(T_i+3)} \qquad (8-11)$$

$$H_{i+1} = L_i + R_i\phi(0) = L_i + \frac{R_i r(C_i^0+1)}{T_i+1}$$

代入 $H_{i+3} \le H_{i+1}$ 得

$$\frac{r(C_i^0+2)}{(T_i+3)} + \frac{r^2(C_i^1+1)(C_i^0+2)}{(T_i+2)(T_i+3)} \le 1 \qquad (8-12)$$

令 $a = \frac{(C_i^1+1)(C_i^0+2)}{(T_i+2)(T_i+3)}$，$b = \frac{C_i^0+2}{T_i+3}$，$c = -1$，可得

$$r_{max} = \frac{\sqrt{b^2-4ac}-b}{2a} \qquad (8-13)$$

显然，当 $0 < r \le r_{max}$ 时，加权概率模型可无损编解码二进制序列（证明略）。由于 r_{max} 随 i 变化，因此 r_{max} 是动态权系数。自适应模型适合数据流编码，同样可构建检错纠错、加密编码算法等。

参考文献

[1] ARIKAN E. Channel polarization: A method for constructing capacity–achieving codes for symmetric binary–Input memoryless channels[J]. IEEE transactions on information theory, 2009,7(55):3051–3073.

[2] GALLAGER R G. Low–density parity–check codes[M].Massachusetts: M. I. T. Press, 1963.

[3] HUEBNER A, ZIGANGIROV K S, COSTELLO D. Laminated turbo codes: A new class of block–convolutional codes[J]. IEEE transactions on information theory, 2008, 54(7): 3024–3034.

[4] SHANNON C E. A mathematical theory of communication[J]. The bell system technical journal, 1948, 27: 379–423, 623–656.

[5] WITTEN I H, NEAL R M,CLEARY J G. Arithmetic coding for data compression[J]. Communications of the ACM, 1987, 30(6):520–539.

[6] MARTIN G N N. Range encoding: an algorithm for removing redundancy from a digitised message[C]//Video & data recording conference. 1979.

[7] COVER T M, THOMAS J A. Elements of information theory[M]. New York: Wiley, 1991.

[8] MACWILLIAMS F J, SLONE N J A. The theory of error–correcting codes[M]. Amsterdam: North–Hollend, 1977.

[9] BERROU C, GLAVIEUX A. Near optimum error correcting coding and decoding: turbo–codes[J]. IEEE transactions on communications, 1996, 44(10): 1261–1271.

[10] KRAIDY G M. On progressive edge–growth interleavers for turbo codes[J]. IEEE communications letters, 2016, 20(2): 1.

[11] YUAN F, TIAN B. Double–parity–check CA–SCL encoding and decoding for polar codes[C]//2018 14th IEEE international conference on signal processing. Piscataway: IEEE, 2019.

[12] MISHRA A , RAYMOND A J , AMARU L G , et al. A successive cancellation decoder ASIC for a 1024–bit polar code in 180nm CMOS[C]// IEEE asian solid–state circuits conference. Piscataway: IEEE, 2012.

[13] CHIU M C. Interleaved polar (i–polar) codes[J]. IEEE transactions on information theory, 2020, 66(4): 2430–2442.

[14] DEHGHAN A, BANIHASHEMI A H. On the tanner graph cycle distribution of random LDPC, random protograph–based LDPC, and random quasi–cyclic LDPC code ensembles[J]. IEEE transactions on information theory, 2018, 64(6): 4438–4451.

[15] MANSOUR M M , SHANBHAG N R . High–throughput LDPC decoders[J]. IEEE transactions on very large scale integration (VLSI) systems, 2004, 11(6):976–996.

[16] PISEK E, RAJAN D, CLEVELAND J R. Trellis–based QC–LDPC convolutional codes enabling low power decoders[J]. IEEE transactions on communications, 2015, 63(6):1.

[17] TASDIGHI A, BANIHASHEMI A, SADEGHI M R. Symmetrical constructions for regular girth–8 QC–LDPC codes[J]. IEEE transactions on communications, 2017, 65(1): 14–22.

[18] RIVEST R. The MD5 message digest algorithm[R]. Bedford: RSA data security, Inc, 1992.

[19] WITTEN I H, NEAL R M,CLEARY R G. Arithmetic coding for data compression[J]. Communications of the ACM, 1987,30(6):520–539.

[20] COVER T M, THOMAS J A. Elements of information theory[M]. New York: Wiley, 1991.

[21] WANG X , YIN Y L , YU H . Finding collisions in the full SHA–1[C]// Lecture notes in computer science. Berlin: Springer Verlag, 2005.

[22] GILBERT H , HANDSCHUH H . Security analysis of SHA–256 and sisters[C]//Lecture notes in computer science. Berlin: Springer Verlag, 2003.